电梯配件大全

主　编　高国群

副主编　李金刚　张晓虎　肖秀金　孟肖松

U0335964

吉林科学技术出版社

图书在版编目（CIP）数据

电梯配件大全 / 高国群主编. -- 长春：吉林科学
技术出版社, 2023.7
ISBN 978-7-5744-0728-2

Ⅰ. ①电… Ⅱ. ①高… Ⅲ. ①电梯－配件 Ⅳ.
①TU857

中国国家版本馆CIP数据核字(2023)第152368号

电梯配件大全

主　　编	高国群	
出 版 人	宛　霞	
责任编辑	赵海娇	
封面设计	江　江	
制　　版	北京星月纬图文化传播有限责任公司	
幅面尺寸	185mm×260mm	
开　　本	16	
字　　数	195 千字	
印　　张	10.75	
印　　数	1–1500 册	
版　　次	2023年7月第1版	
印　　次	2024年2月第1次印刷	

出　　版　吉林科学技术出版社
发　　行　吉林科学技术出版社
地　　址　长春市福祉大路5788号
邮　　编　130118
发行部电话/传真　0431-81629529 81629530 81629531
　　　　　　　　　81629532 81629533 81629534
储运部电话　0431-86059116
编辑部电话　0431-81629518
印　　刷　三河市嵩川印刷有限公司

书　　号　ISBN 978-7-5744-0728-2
定　　价　74.00元

前　言

根据前瞻产业研究院发布的《2015—2020 年中国电梯行业市场需求预测与转型升级分析报告》分析，未来我国垂直电梯和扶梯国内市场和出口市场将分别占整个全球市场的一半和三分之一，今后相当长的时间内，我国仍将是全球最大的电梯市场，电梯行业可谓前景广阔。

进入电梯行业特别是整机制造领域，对产品开发、设计、管理和安装维保人员的专业素质要求都较高，需要一定时间的技术积累，在很大程度上形成了该行业的技术和人才准入壁垒。为此，认识和了解电梯的各个零部件对电梯从业人员极为重要。

本课程的主要任务是使学生掌握电梯的基本结构、安装工具等，并培养学生节约、环保和团结协作的意识，以及一丝不苟的工作态度和良好的与客户沟通能力。

本书编写思路与特色如下：

1）贯彻以工作过程为导向的课程改革思想。

2）借鉴电梯行业关于电梯安装、调试与维保的工艺流程，组织内容。

3）注重电梯国家标准和行业规范的渗透。

4）工艺流程以图文并茂的方式呈现。

5）对接特种设备作业人员考核要求，加强与电梯上岗证考试相关知识和技能的训练。

本书教学建议如下：

1）采用理实一体化教学，把电梯实训设备引入课堂。

2）采用丰富的图片、3D 动画等教学资源。

3）以小组形式组织教学，充分发挥学生的主体性。

4）采用多种评价机制，激发学生的学习兴趣，过程评价和结果评价相结合。可以通过实操、笔试、口试等方法检验学生的专业技能水平、工作安全意识和 7S 意识等，逐步建立学生的发展性考核与评价体系。

5）在教学过程中不断渗透国家标准和行业规范，让学生规范操作。

由于编者水平有限，书中疏漏之处在所难免，恳请广大专家、读者批评指正。

目　录

模块 1　曳引系统 1

　　1.1　曳引机 2

　　1.2　其他曳引部件 11

模块 2　门系统 21

　　2.1　初识门系统 22

　　2.2　层门结构 27

　　2.3　轿门结构 34

　　2.4　门锁装置 39

模块 3　导向系统 45

　　3.1　导轨 46

　　3.2　导轨连接板 48

　　3.3　导轨支架 51

　　3.4　导靴 53

模块 4　轿厢系统 63

　　4.1　轿厢架 64

　　4.2　轿厢体 67

模块 5　重量平衡系统 78

　　5.1　对重装置 79

　　5.2　重量补偿装置 83

模块 6　电梯电力拖动系统 90

　　6.1　供电系统 91

　　6.2　电机调速装置 102

模块 7　电气控制系统 110

　　7.1　电梯控制柜 111

　　7.2　轿顶检修箱 118

　　7.3　操纵箱 122

　　7.4　门机控制系统 126

　　7.5　呼梯盒 128

　　7.6　平层装置 130

模块 8　安全保护系统 136

　　8.1　机械安全装置 137

　　8.2　电气安全装置 148

参考文献 166

模块 1 曳引系统

思维导图

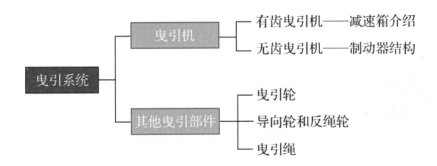

学习目标

【知识目标】

了解电梯曳引系统的概念、组成、作用及相关配件的报废标准。

【能力目标】

能按照本模块内容及标准规范使学生熟悉并掌握电梯有齿曳引机和无齿曳引机的结构和类型，以及曳引绳的要求。

【素养目标】

培养具有吃苦耐劳、不怕困难、一丝不苟、精益求精精神的技能人才。

曳引系统（图1-1）的作用是向电梯输送与传递动力，使电梯运行。其主要由曳引机、曳引钢丝绳、导向轮和反绳轮等组成，是电梯运行的根本，是电梯中的核心部分之一。

曳引系统

图 1-1 曳引系统

1.1 曳引机

电梯曳引机是电梯的主拖动机械，按驱动类型可分为直流电动机拖动曳引机和交流电动机拖动曳引机两类；按有无减速器来区分，可分为无齿轮曳引机和有齿轮曳引机两大类。用户需要了解各种曳引机的结构特点，以便在安装操作时选择所需的类型。

1.1.1 有齿轮曳引机

拖动装置的动力通过减速箱传递到曳引轮上的曳引机，称为有齿轮曳引机，如图1-2所示。其中，减速箱通常采用蜗轮蜗杆传动。有齿轮曳引机的曳引比通常为 35∶2。这种曳引机使用的电动机有交流电动机，也有直流电动机，一般用于 2.5m/s 以下的中低速电梯。

图 1-2 有齿轮曳引机

1. 结构

有齿轮曳引机拆解图如图 1-3 所示。

图 1-3　有齿轮曳引机拆解图

（1）曳引轮

曳引轮如图 1-4 所示。作用：传递曳引动力的装置。

（2）轴承

轴承如图 1-5 所示。作用：在电梯传动时产生轴向力。

（3）电磁制动器

电磁制动器如图 1-6 所示。作用：电梯的安全装置，在切断电源时使电梯的轿厢停止运行。

图 1-4　曳引轮　　　　图 1-5　轴承　　　图 1-6　电磁制动器

（4）联轴器

联轴器如图 1-7 所示。作用：连接曳引电动机轴与减速器蜗杆轴的装置。

（5）电动机

电动机如图 1-8 所示。作用：电梯的动力设备，用来输送和传递动力。

图 1-7　联轴器　　　　　图 1-8　电动机

学习笔记

重点思考

（6）减速箱

减速箱安装在曳引电动机转轴和曳引轮转轴之间，如图1-9所示。

（a）蜗杆下置式减速箱　　（b）蜗杆上置式减速箱　　（c）蜗杆立式减速箱

图1-9　减速箱

减速箱可分为蜗杆减速箱和齿轮减速箱。蜗杆减速箱由带主动轴的蜗杆与安装在壳体轴承上带从动轴的蜗轮组成，其传动比为18～120，蜗轮的齿数不少于30。其结构紧凑，外形尺寸较小，但效率不如齿轮减速箱。减速箱拆解图如图1-10所示。

图1-10　减速箱拆解图

1）蜗轮（图1-11）。作用：固定在轮壳上，保证传动中齿轮的咬合力。

2）蜗轮轴（图1-12）。作用：传动时产生轴向力。

图1-11　蜗轮　　　　　　　　　　图1-12　蜗轮轴

3）蜗杆（图1-13）。作用：采用钢材制成，提高运转稳定性。

图 1-13　蜗杆

蜗轮蜗杆传动由于齿面间的滑动较大且接触时间长，摩擦磨损情况突出。因此，蜗轮蜗杆传动装置不宜采用一般的齿轮油来润滑，而应使用黏度较大、黏度指数较高、油性好，且含有某些特殊添加剂的润滑油。蜗轮蜗杆传动装置对于润滑油的要求有以下几点：

1）润滑油要有良好的减摩特性，摩擦系数要小。

2）在较高温度时，要有好的抗氧化性能，油的安定性要好。

3）添加剂要适合钢-铜摩擦副的特殊要求。

4）油在低温时要有良好的流动性。这一点对于蜗轮蜗杆传动常用的高黏度润滑油来说尤其重要。这是因为当环境温度低于0℃时，由于油的凝固，蜗轮蜗杆传动启动过程中将造成啮合区缺油现象，产生严重事故。

5）既要有好的抗极压性能和减摩、抗磨性能，又要对铜不起腐蚀作用。

2. 特点

有齿轮曳引机的优点：

1）传动比大，机构紧凑。

2）制造简单，部件和轴承数量少。

3）运行平稳，噪声较低。

4）具有较好的抗冲击荷载特性，不易逆向驱动。

有齿轮曳引机的缺点：

1）运行时发热量大。

2）齿面磨损较严重。

3）传动效率低。

4）部件互换性差。

1.1.2　无齿轮曳引机

拖动装置的动力直接传递到曳引轮上的曳引机，称为无齿轮曳引机，如图1-14所示。无齿轮曳引机的曳引比通常是 2：1 和 1：1，载重 320～2000kg，一般用于 2.5m/s 以上的高速电梯和超高速电梯。

学习笔记

重点思考

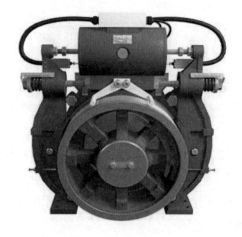

图 1-14　无齿轮曳引机

1. 结构

无齿轮曳引机拆解图如图 1-15 所示。

转子　　定子　　电磁制动器

曳引轮

主轴

图 1-15　无齿轮曳引机拆解图

现阶段无齿轮永磁同步曳引机在电梯控制技术中的应用较为广泛，主要应用的结构形式有轴向磁场结构（又称盘式结构）、径向磁场结构等。其中，对于径向磁场结构，根据运用过程中定子与转子相对位置的不同，可以分为外转子结构和内转子结构。为了在设计中尽可能地增加输出转矩，最直接的方法就是增加转子的直径，因此目前主流转子以外转子结构为主。

2. 特点

无齿轮曳引机的优点：

1）结构简单。

2）传动效率高。

3）不需要润滑油，没有漏油故障及换油时对环境的污染。

无齿轮曳引机的缺点：

电动机转矩较小，无法承载载重量大的电梯。

1.1.3 电磁制动器

电磁制动器是保证电梯安全运行的基本装置。对于应用在电梯曳引机上的电磁制动器有如下要求：①能产生足够的制动力矩，且制动力矩大小应与曳引机转向无关；②制动时对曳引电动机的轴和减速箱的蜗杆轴不产生附加载荷；③制动器松闸或制动时，要平稳，并满足频繁启动、制动的工作要求；④应有足够的刚性和强度；⑤制动带有较高的耐磨性和耐热性；⑥结构简单、紧凑、易于调整，噪声小，并配有人工松闸装置。

目前，电梯上常见的电磁制动器可以分为鼓式制动器、盘式制动器两类。

1. 鼓式制动器

鼓式制动器是指用圆柱面作为摩擦副接触面的制动器。从曳引机常用鼓式制动器的机械结构来看，可将其称为外抱式制动器。根据鼓式制动器的结构特点，可以将其分为制动臂鼓式制动器和电磁直推鼓式制动器（块式）两种，如图 1-16 所示。

（a）制动臂鼓式制动器　　　（b）电磁直推鼓式制动器（块式）

图 1-16　鼓式制动器的分类

2. 盘式制动器

盘式制动器是指以圆盘的端面作为摩擦副接触面的制动器。常用的盘式制动器有钳盘式制动器和全盘式制动器，如图 1-17 所示。

（a）钳盘式制动器　　　　　　（b）全盘式制动器

图 1-17　盘式制动器

3. 制动器的结构

鼓式制动器拆解图如图 1-18 所示，全盘式制动器拆解图如图 1-19 所示。

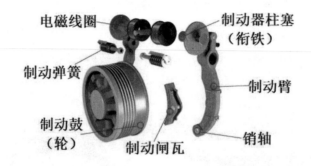

（a）制动臂鼓式制动器拆解图

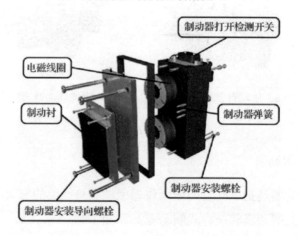

（b）电磁式直推鼓式制动器（块式）拆解图

图 1-18　鼓式制动器拆解图

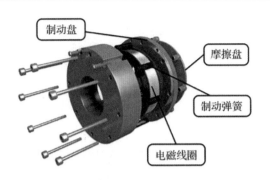

图 1-19　全盘式制动器拆解图

下面详细介绍制动臂鼓式制动器各组成部分的作用。

（1）电磁线圈

电磁线圈如图 1-20 所示。作用：通电时产生磁场，是制动器制动力的来源。

（2）制动弹簧

制动弹簧如图 1-21 所示。作用：压紧制动闸瓦，产生制动力矩。

图 1-20　电磁线圈

图 1-21　制动弹簧

（3）制动鼓（轮）

制动鼓（轮）如图 1-22 所示。作用：产生制动所需要的摩擦力。

（4）制动闸瓦

制动闸瓦如图 1-23 所示。作用：保证制动闸瓦与制动轮的同轴度。

图 1-22　制动鼓（轮）

图 1-23　制动闸瓦

重点思考

学习笔记

（5）销轴

销轴如图 1-24 所示。作用：构成铰链链接。

（6）制动臂

制动臂如图 1-25 所示。作用：将电磁铁的运动传输给制动闸瓦。

（7）制动器柱塞（衔铁）

制动器柱塞（衔铁）如图 1-26 所示。作用：迅速磁化和迅速失磁。

图 1-24　销轴　　　　　　图 1-25　制动臂　　　　图 1-26　制动器柱塞（衔铁）

4. 制动器的工作原理

当电梯处于静止状态时，曳引电动机、电磁制动器的线圈中均无电流通过，这时因电磁铁芯间没有吸引力，制动瓦块在制动弹簧压力的作用下将制动轮抱紧，保证电动机不旋转；在曳引电动机通电旋转的瞬间，制动电线圈同时通电，电磁铁芯迅速磁化吸合，带动制动臂使其制动弹簧受作用力，制动闸瓦张开，与制动鼓（轮）完全脱离，电梯得以运行；当电梯轿厢到达所需停站时，曳引电动机失电、制动线圈同时失电，电磁铁芯中的磁力迅速消失，铁芯在制动弹簧的作用下通过制动臂复位，使制动闸瓦再次将制动轮抱住，电梯停止工作。

重点思考

5. 制动器功能的基本要求

1）当电梯动力电源失电或控制电路电源失电时，制动器能立即进行制动。

2）当轿厢载有 125% 额定载荷并以额定速度运行时，制动器应能使曳引机停止运转。

3）电梯正常运行时，制动器应在持续通电情况下保持松开状态；断开制动器的释放电路后，电梯应无附加延迟地被有效制动。

4）切断制动器的电流，至少应用两个独立的电气装置来实现。电梯停止时，如果其中一个接触器的主触点未打开，最迟到下一次运行方向改变时，应防止电梯再运行。

5）装有手动盘车手轮的电梯曳引机，应能用手松开制动器并需要一持续力去保持其松开状态。

✿ 知识延伸

1. 制动器报废标准

依据《电梯主要部件报废技术条件》（GB/T 31821—2015）对制动器的报废规定，制动器出现下列情况之一，视为达到报废技术条件：

1）电梯运行时，制动器的制动衬块（片）与制动轮（盘）不能完全脱离。

2）制动衬块（片）严重磨损或制动弹簧失效，导致制动力不足。

3）受力结构件（如制动臂、轴销等）出现裂纹或严重磨损。

4）制动器电磁线圈铁芯动作异常，出现卡阻现象。

5）制动器电磁线圈防尘件破损。

6）制动器绝缘电阻不符合 GB 7588—2003 中 13.1.3 要求。

2. 安全风险

制动环节，无论是制动弹簧还是制动臂，任何一方失效，都会造成制动失灵，使轿厢溜车而发生冲顶、墩底的危险。

1.2 其他曳引部件

1.2.1 曳引轮

曳引轮（图 1-27）又称曳引绳轮或驱绳轮，是曳引机上的绳轮，是电梯传递曳引动力的装置，利用曳引钢丝绳与曳引轮缘上绳槽的摩擦力传递动力，对于有齿轮曳引机，曳引轮安装在减速箱中的蜗轮轴上；对于无齿轮曳引机，曳引轮装在制动器的旁侧，与电动机轴、制动器轴在同一轴线上。

图 1-27　曳引轮

1. 曳引轮的材料及结构要求

（1）材料及工艺要求

曳引轮要承受轿厢、载重、对重等装置的全部动静载荷，因此要求曳引轮强度大、韧性好、耐磨损、耐冲击。为了减少曳引钢丝绳在曳引轮绳槽内的磨损，除了选择合适的绳槽形状外，还应对绳槽工作表面的粗糙度、硬度有合理的要求。

（2）曳引轮的直径

曳引轮的直径要大于钢丝绳直径的40倍。为了减小曳引机体积增大，以及减速箱的减速比增大，其直径大小应适宜。

（3）曳引轮的构造形式

整体曳引轮由两部分构成，中间为轮筒（鼓），外面制成轮圈式绳槽切削在轮圈上，轮圈与轮筒套装，并用铰制螺栓连接。曳引轮的轴就是减速箱内的蜗轮轴。

2. 曳引轮绳槽形状

曳引驱动电梯运行时的曳引力是依靠曳引轮绳与曳引轮绳槽之间的摩擦力产生的。因此，要合理选择曳引轮绳槽形状。常见的曳引轮绳槽形状如图1-28所示。

（a）半圆形　　　　（b）半圆形带切口槽　　　　（c）V形槽

图1-28　常见的曳引轮绳槽形状

知识延伸

1. 曳引轮报废标准

依据《电梯主要部件报废技术条件》（GB/T 31821—2015）对曳引轮的报废规定，曳引轮出现下列情况之一，视为达到报废技术条件。

1）绳槽磨损造成曳引力不符合GB 7588—2003中9.3a）或b）要求。

2）绳槽有缺损或不正常磨损。

3）出现裂纹。

2. 安全风险

曳引轮绳槽磨损后将降低电梯的曳引力，可能会引起轿厢溜车，对乘客造成伤害。另外，曳引轮的不均匀磨损也将加剧钢丝绳的磨损速度。

1.2.2　导向轮和反绳轮

导向轮是用于调整曳引轮绳在曳引轮上的包角和轿厢与对重的相对位置而设置的定滑轮，如图 1-29 所示。它安装在机房或滑轮间。

与曳引轮和导向轮不同，反绳轮不是电梯的必要部件，不会出现在曳引比1∶1 的电梯中，如图 1-30 所示。其作用是减小曳引机的输出功率和力距。

图 1-29　导向轮　　　　　　　　图 1-30　反绳轮

导向轮、反绳轮都应设置符合相关要求的防护装置，以避免：

1）人身伤害。

2）曳引轮绳或链条因松弛而脱离绳槽或轮。

3）异物进入绳与绳槽或链与链轮之间。

1.2.3　曳引绳

曳引绳又称曳引钢丝绳，是电梯专用钢丝绳，用于连接轿厢和对重，并靠曳引机驱动使轿厢升降。它承载着轿厢、对重装置、额定载重等电梯重力。曳引机在机房穿绕曳引轮、导向轮，一端连接轿厢，另一端连接对重装置。

曳引绳一般为圆形股状结构，主要由钢丝、绳股和绳芯组成，如图 1-31所示。钢丝是钢丝绳的基本强度单元，要求有很高的强度和韧性；一般来说，钢丝的直径越粗，曳引绳的耐腐蚀性能和耐磨性能越强；钢丝的直径越细，曳引绳的柔软性能越好。绳股是由钢丝绳捻成的，相同结构与直径的钢丝绳，股数越多，疲劳强度越高。电梯用钢丝绳的绳股一般为 6 股或 8 股。绳芯是被绳股所缠绕的挠性芯棒，通常由剑麻纤维或聚烯烃类（聚丙烯或聚乙烯）的合成纤维制成，能起到支承和固定绳的作用，且能存储润滑剂。

学习笔记

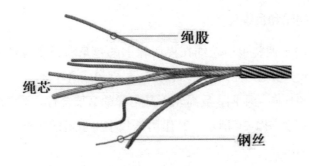

图 1-31 曳引绳的结构

根据绳股中钢丝的配置方式不同，曳引绳可分为西鲁式、瓦林顿式、填充式 3 种，如图 1-32 所示。这 3 种钢丝绳股内相邻层钢丝之间呈线接触形式，钢丝之间接触的位置压力较小。

（a）西鲁式　　　　　　　（b）瓦林顿式　　　　　　　（c）填充式

图 1-32 绳股中钢丝的配置方式

重点思考

西鲁式又称外粗式，是电梯曳引绳中常用的股结构。其外层钢丝较粗，耐磨损能力强。瓦林顿式又称粗细型，其外层钢丝细相间，挠性较好，股中的钢丝较细。瓦林顿式绕过绳轮的弯曲疲劳寿命比西鲁式高 20%。填充式又称密集式，在两层钢丝之间的间隙处填充有较细的钢丝。这种结构的曳引绳弯曲和耐磨性能都比较好，此种结构的 6 股曳引绳有较好的柔软性。因其填充钢丝直径较小，故一般绳径小于 10mm。

钢丝在绳股中和股在绳中的捻制螺旋方向（即捻向）及股中丝的捻向同绳中股的捻向之间关系（捻法）是相互配合的，如图 1-33 所示。

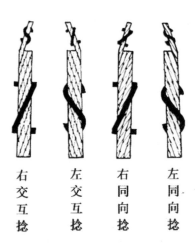

右交互捻　左交互捻　右同向捻　左同向捻

图 1-33　钢丝绳捻法捻向

钢丝绳常见的端接方法如图 1-34 所示。

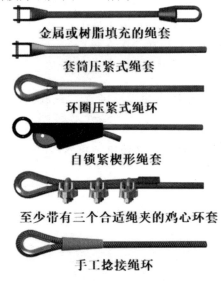

金属或树脂填充的绳套
套筒压紧式绳套
环圈压紧式绳环
自锁紧楔形绳套
至少带有三个合适绳夹的鸡心环套
手工捻接绳环

图 1-34　钢丝绳常见的端接方法

↯ 知识延伸

1. 曳引绳报废标准

依据《电梯主要部件报废技术条件》（GB/T 31821—2015）对曳引绳的报废规定，曳引绳出现下列情况之一，视为达到报废技术条件。

1）断丝：钢丝绳外层绳股在一个捻距内断丝总数大于表 1-1 的规定。

学习笔记

重点思考

表 1-1 一个捻距内允许最多断丝数

断丝的形式	钢丝绳类型		
	6×19	8×19	9×19
均布在外层绳股上	24	30	34
集中在一根或两根外层绳股上	8	10	11
一根外层绳股上相邻的断丝	4	4	4
股谷（缝）断丝	1	1	1

注：上述断丝数的参考长度为一个捻距，约为 $6d$（d 表示钢丝绳的公称直径）。

a. 断丝分散出现在整条钢丝绳，任何一个捻距内单股的断丝数大于 4 根。

b. 断丝集中在钢丝绳某一部位或一股，一个捻距内断丝总数大于 12 根（对于股数为 6 的钢丝绳）或者大于 16 根（对于股数为 8 的钢丝绳）。

2）绳径减小：因磨损、拉伸、绳芯损坏或腐蚀等原因导致钢丝绳直径小于或等公称直径的 90% 时。

3）变形或损伤：钢丝绳出现笼状畸变，绳股挤出，扭结，部分压扁、弯折。

4）锈蚀：钢丝绳严重锈蚀，铁锈填满绳股间隙。

2. 安全风险

存在曳引绳断裂或打滑、轿厢跌落的可能，并造成设备、建筑损坏及人员伤亡事故。

思考与练习

（1）选择题

1.1 下图不是减速箱的是（   ）。

A.

B.

C.

D.

1.2 有齿轮曳引机的优点有（　　）。

A. 传动比大，机构紧凑

B. 制造简单，部件和轴承数量少

C. 运行平稳，噪声较低

D. 具有较好的抗冲击荷载特性，不易逆向驱动

（2）判断题

用于 2.5m/s 以上的高速电梯和超高速电梯使用的曳引机为有齿轮曳引机。

（　　）

（3）思考题

请同学们思考本节课的重难点分别是什么。

参考答案

延伸拓展

1. 机具

本模块施工所用到的机具如图 1-35 所示。

（a）校导尺 　　　　　（b）电锤 　　　　　（c）电焊机

（d）钢锤 　　　　　（e）盒尺 　　　　　（f）扳手

（g）水平尺 　　　　　（h）线坠 　　　　　（i）电焊防护帽

图 1-35　本模块施工所用到的机具

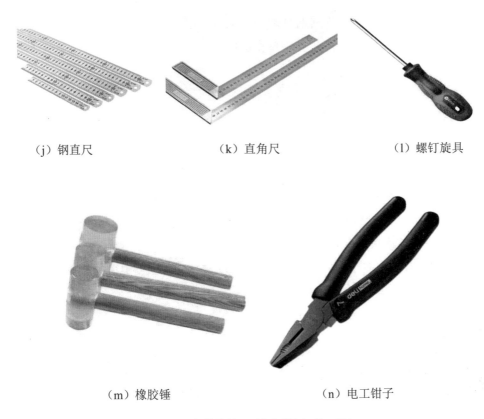

（j）钢直尺　　　　　　（k）直角尺　　　　　　（l）螺钉旋具

（m）橡胶锤　　　　　　　　　（n）电工钳子

图1-35　本模块施工所用到的机具（续）

2. 衔接国标

《电梯制造与安装安全规范　第1部分：乘客电梯和载货电梯》（GB/T 7588.1—2020）中对驱动主机和相关设备的要求。

5.9.1　总则

5.9.1.1　每部电梯应至少具有一台专用的驱动主机。

5.9.1.2　对可接近的旋转部件应采取有效的防护，尤其是下列部件：

a）传动轴上的键和螺钉（螺栓）；

b）带（如钢带、皮带等）、链条；

c）齿轮链轮和滑轮；

d）电动机的轴伸。

但盘车手轮、制动轮、任何类似的光滑圆形部件和具有5.5.7所述防护装置的曳引轮除外，这些部件应至少部分地涂成黄色。

5.9.2　曳引式和强制式电梯的驱动主机

5.9.2.1　总则

学习笔记

5.9.2.1.1　允许使用下列两种驱动方式：

a）曳引式，即：使用曳引轮和曳引绳。

b）强制式，即：

1）使用卷筒和钢丝绳；

2）使用链轮和链条。

强制式电梯的额定速度不应大于 0.63m/s，不能使用对重，但可使用平衡重。

在计算传动部件时，应考虑到对重或轿厢压在其缓冲器上的可能性。

5.9.2.1.2　可使用带将单台（或多台）电动机连接到机电式制动器（见5.9.2.2.1.2）所作用的零件上，此时带不应少于两条。

《电梯技术条件》（GB/T 10058—2009）中对电梯曳引机的相关规定：

3.5.2　制动系统应具有一个机-电式制动器（摩擦型）。

a）当轿厢载有 125%额定载重并以额定速度向下运行时，操作制动器应能使曳引机停止运转。轿厢的减速度应不超过安全钳动作或轿厢撞击级冲器所产生的减速度。所有参与向制动轮（盘）施加制动力的制动器机械部分应分两组装设。如果一组部件不起作用，则应仍有足够的制动力使载有额定载重以额定速度下行的轿厢减速下行。

3.5.3　驱动。主机在运行时不应有异常的振动和噪声。

重点思考

模块 2　门系统

思维导图

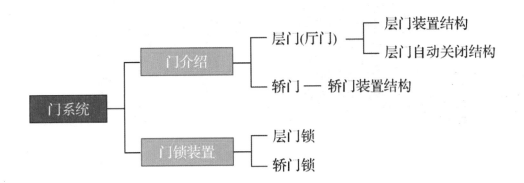

学习目标

【知识目标】

了解电梯门系统的概念、组成、作用及相关配件的报废标准。

【能力目标】

能按照本模块内容及标准规范使学生熟悉并掌握电梯层门和轿门的结构和类型。

【素养目标】

培养具有吃苦耐劳、团结合作、一丝不苟、精益求精精神的技能人才。

2.1　初识门系统

门是电梯中非常重要的一部分。电梯有两个门，从外面能看到的、固定在每层的门称为厅门，里面看到的、固定在轿厢且随着轿厢运动的门称为轿门。电梯门一般是由轿门带动厅门来进行开关的。门的稳定性、合理性、安全性是决定电梯等级的关键因素。电梯门系统如图 2-1 所示。

门系统

（a）厅门

（b）轿门

图 2-1　电梯门系统

根据不同的分类方式可以将电梯门分为不同的类型。

1. 按驱动连接方式分类

按照驱动连接方式不同，电梯门可分为主动门、被动门。

1）主动门是指与门机的驱动机构或门刀直接机械连接的轿门或层门。

2）被动门是指与门机的驱动机构或门刀间接机械连接的轿门或层门，即被非刚性部件用钢丝绳等带动运行的电梯门。

2. 按运行速度分类

按照运行速度的快慢，电梯门可分为快门和慢门。

3. 按开关方式分类

按照开关方式的不同，电梯门可分为手动门和自动门。其中，手动门有两种，一种靠人力开关，另一种靠手动操作控制，要根据具体对象来确定手动门为哪一种形式。手动门和自动门的区别如下。

（1）动力来源的区别

1）自动门是靠动力开关的层门或轿门。准确来说，自动门应称为动力驱动的门，其驱动方式有电动、液压和气动等方式。

2）手动门是靠人力开关的层门或轿门，与动力驱动的门相对。

（2）控制方式的区别

1）动力驱动的自动门是指动力驱动，且装有自动开、关门控制装置，在得到一个信号后就能自动地完成开、关门动作，不需要使用人员任何强制性动作（如不需要连续的揿压按钮）操作的电梯门。

2）动力驱动的手动门是指动力驱动，且在人的控制下（如持续按住关门按钮）进行开关的电梯门。

从控制方式的区别来说，动力驱动的门和自动门的关系为：自动门都是由动力驱动的。但动力驱动的门不一定都是自动门，也可能是手动门。例如，由动力驱动但需要人员连续揿压按钮操作的门属于动力驱动的手动门。

4. 按安装位置分类

按照安装位置不同，电梯门可分为轿门和层门。

1）轿门：又称轿厢门，如图2-2所示，是设置在轿厢入口的门。作用：防坠落、防剪切。

2）层门：又称厅门，是设置在层站入口的门，如图2-3所示。电梯层门按照开关方式可分为铰链门、垂直滑动门、水平滑动门和折叠门4种。

　　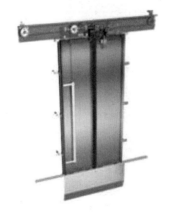

图2-2　轿门　　　　　　　图2-3　层门

① 铰链门：即一侧为铰链连接有井道向候梯厅方向开启的层门。铰链即为通常所说的"合页"，铰链门的启闭方式和家庭房门的启闭方式类似，如图2-4所示。

学习笔记

重点思考

23

学习笔记

②　垂直滑动门：沿门两侧垂直滑导轨向上或向下开启的层门或轿门，如图 2-5 所示。

图 2-4　铰链门　　　　　　　　图 2-5　垂直滑动门

③　水平滑动门：沿门导轨和地轨槽水平滑动开启的门，如图 2-6 所示。其具有通行方便、开门效率高的优点，是常用的一种电梯门。根据门扇开门方向的不同，水平滑动门又可分为中分门和旁开门。

④　折叠门：其在开启状态下是折叠起来的，在闭合状态下重叠收回的门扇相对展开，如图 2-7 所示。

重点思考

图 2-6　水平滑动门　　　　　　图 2-7　折叠门

5. 电梯门的其他形式

除上述类型外，电梯门还有中分门和旁开门，如图 2-8 所示。

（a）中分门   （b）旁开门

图2-8 其他形式的电梯门

🌱 知识延伸

1. 水平滑动门开门方式介绍

（1）旁开单扇门

旁开单扇门（图2-9）是层门或轿门为单扇门并向一侧方向开、关的门，较为少见，一般用于载重量低的载货电梯。

（2）中分双扇门

中分双扇门（图2-10）是最常见的中分门，两扇门各自向左右开、关，多用于乘客电梯。

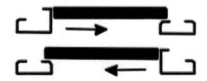   

图2-9 旁开单扇门   图2-10 中分双扇门

（3）旁开双扇门

旁开双扇门（图2-11）的两扇门以不同速度向一侧开、关，并且有向左、向右开启之分，常用于普通载货电梯。

（4）中分双折门

中分双折门（图2-12）又称中分四扇门，其两扇门由中间分别向左右以同样速度开、关，常用于开门宽度要求大的载货电梯。

学习笔记

重点思考

学习笔记

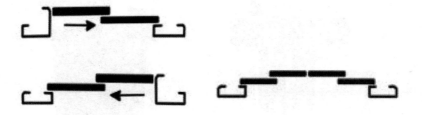

图 2-11　旁开双扇门　　　　　图 2-12　中分双折门

（5）旁开三扇门

旁开三扇门如图 2-13 所示。三扇门以不同速度向一侧开、关，多用于井道宽度受限又要求开门宽度尽量大的载货电梯。

（6）中分三折门

中分三折门（图 2-14）由三扇门以相同速度分别向左右开、关，用于开门宽度要求大的大型载货电梯。

重点思考

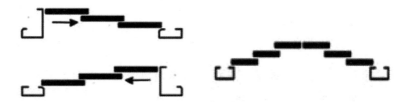

图 2-13　旁开三扇门　　　　　图 2-14　中分三折门

2. 门扇报废标准

依据《电梯主要部件报废技术条件》（GB/T 31821—2015）对门扇的报废规定，门扇出现下列情况之一，视为达到报废技术条件：

1）门扇严重锈蚀穿孔或破损穿孔。

2）门扇背部加强筋脱落。

3）门扇严重变形，不符合 GB 7588—2003 中 7.1 或 8.6.3 要求。

4）门扇外包层脱离（落），导致开关门受阻或门扇强度不符合 GB 7588—2003 中 7.2.3 或 8.6.7 要求。

5）玻璃门扇出现裂纹或玻璃门扇边缘出现锋利缺口。

6）玻璃固定件不符合 GB 7588—2003 中 7.2.3.3 要求。

3. 层门门套报废标准

依据《电梯主要部件报废技术条件》（GB/T 31821—2015）对层门门套的报废规定，层门门套出现下列情况之一，视为达到报废技术条件：

1）层门门套严重变形，与门扇间隙不符合 GB 7588—2003 中 7.1 或 8.6.3 要求。

2）层门门套严重锈蚀。

2.2 层门结构

2.2.1 层门结构概述

层门结构如图 2-15 所示。

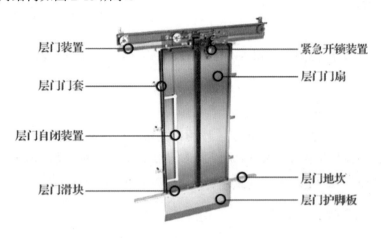

层门装置 —— 紧急开锁装置

层门门套 —— 层门门扇

层门自闭装置

层门滑块 —— 层门地坎

—— 层门护脚板

图 2-15 层门结构

1. 紧急开锁装置

紧急开锁装置如图 2-16 所示。作用：在施工、救援、检修等特定情况下，由专业人员使用紧急开锁装置打开层门。

2. 层门门套

层门门套如图 2-17 所示。作用：门套起到了配合层门和建筑物的封闭作用，保证了密闭性。

3. 层门门扇

层门门扇如图 2-18 所示。作用：起封闭和保护作用，保护乘客的安全。

学习笔记

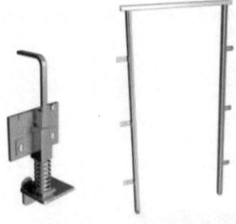

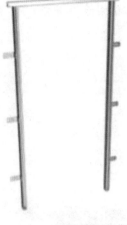

图 2-16　紧急开锁装置　　　图 2-17　层门门套　　　图 2-18　层门门扇

4. 层门自闭装置

层门自闭装置如图 2-19 所示。作用：当轿厢不在层门位置而层门被打开时，如果层门不能自动关闭可能产生人员坠落井道的危险，此时需要层门自闭装置自动闭合层门。

5. 层门滑块

层门滑块如图 2-20 所示。作用：滑块沿地坎中的槽运行，以限制门扇的运行轨道。

重点思考

图 2-19　层门自闭装置　　　　图 2-20　层门滑块

6. 层门地坎

层门地坎如图 2-21 所示。作用：使层门沿特定轨道运行。

7. 层门护脚板

层门护脚板如图 2-22 所示。作用：安装在层门地坎下方，并延伸一段长度，防止轿厢内乘客脚部受到层门地坎的伤害。

图 2-21　层门地坎　　　　　　　图 2-22　层门护脚板

8. 层门装置

层门装置如图 2-23 所示。作用：固定门扇和控制门开启、关闭的装置。

图 2-23　层门装置

在层门中较为复杂的装置为层门装置和层门自闭装置。它们的特性决定了其作用和地位的特殊性，下面重点学习层门装置及层门自闭装置的知识。

2.2.2　层门装置的结构

层门装置的结构如图 2-24 所示。

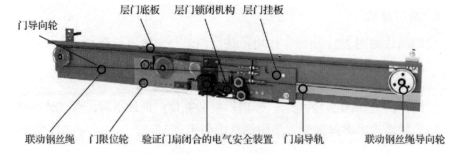

门导向轮　层门底板　层门锁闭机构　层门挂板

联动钢丝绳　门限位轮　验证门扇闭合的电气安全装置　门扇导轨　联动钢丝绳导向轮

图2-24　层门装置的结构

1. 门导向轮

门导向轮如图2-25所示。作用：安装在门扇上方的门挂板上，在门扇导轨上运行，作为门扇悬挂和门扇上部分的导向。

2. 层门底板

门层底板如图2-26所示。作用：对层门装置的各个子部件起支撑作用。

图2-25　门导向轮　　　　　图2-26　门层底板

3. 层门闭锁机构

层门闭锁机构如图2-27所示。作用：电梯正常工作状态时，电梯各层门都被门锁锁住，保证层站人员不能从电梯外部将层门打开。

4. 门挂板

门挂板如图2-28所示。作用：固定门扇并沿门导轨运动。

图2-27　层门闭锁机构　　　　　图2-28　门挂板

5. 联动钢丝绳导向轮

联动钢丝绳导向轮如图 2-29 所示。作用：开启层门，带动层门同步开启和关闭。

6. 门扇导轨

门扇导轨多用扁钢制成，如图 2-30 所示。作用：用于承受所悬挂门扇的重量，并对门扇起导向作用。

图 2-29　联动钢丝绳导向轮　　　　图 2-30　门扇导轨

7. 验证门扇闭合的电气安全装置

验证门扇闭合的电气安全装置如图 2-31 所示。作用：检测门扇是否闭合，在门扇未闭合的状态下会通过控制系统禁止电梯运行。

8. 门限位轮

门限位轮如图 2-32 所示。作用：在层门受外力撞击或有乘员试图扒开门扇时，限制门导向轮向上运动，防止门导向轮脱离轨道。

图 2-31　验证门扇闭合的电气安全装置　　　　图 2-32　门限位轮

9. 联动钢丝绳

联动钢丝绳如图 2-33 所示。作用：保证两扇厅门门扇同时开启或关闭。

学习笔记

重点思考

图 2-33 联动钢丝绳

2.2.3 层门自动关闭装置

1. 作用

当轿厢不处于某一层站时,如果该楼层的层门处于打开状态,层站外乘客在注意力不集中的情况下,十分容易由于错误踏入层门,从而坠落井道导致事故发生。

对此国家标准《电梯制造与安装安全规范 第 1 部分:乘客电梯和载货电梯》(GB/T 7588.1—2020)中进行了相关的要求,在轿门驱动层门的情况下,当轿厢在开锁区域之外时,如层门无论因为何种原因而开启,应有一种装置(重块或弹簧)能确保该层门自动关闭。

2. 分类

层门自动关闭装置一般分为重锤式、拉伸弹簧式、压缩弹簧式 3 类。

(1)重锤式层门自动关闭装置

重锤式层门自动关闭装置(图 2-34)依靠重锤连接细钢丝绳绕过固定在门扇上的定滑轮,固定到层门扇悬挂机构上,依靠定滑轮将重锤垂直方向的重力转换为水平的拉力,通过门扇之间的联动机构形成了层门自闭力。

图 2-34 某型号重锤式层门自动关闭装置

32

在层门门扇水平开关的过程中，重锤做垂直运动的行程与层门开闭的行程相同，且无论层门开闭的实际位置如何变化，其自动关闭力始终保持不变，与重锤的重力相同。

（2）拉伸弹簧式层门自动关闭装置

某型号拉伸弹簧式层门自动关闭装置如图2-35所示。对于此类装置，在层门门扇水平开关的过程中，弹簧做垂直拉伸运动的行程与层门开闭的行程相同，但当层门接近关闭时，弹簧的拉伸行程达到最小状态，其弹力达到最小值。

图2-35　某型号拉伸弹簧式层门自动关闭装置

另外，采用拉伸弹簧式层门自动关闭装置时，弹簧在拉伸状态下工作，长期拉伸容易导致拉力减弱，层门自闭力不足。

拉伸弹簧式层门自动关闭装置同样适用于中分门，根据可拉伸弹簧布置形式的不同，可分为水平拉伸弹簧式和垂直拉伸弹簧式。

1）水平拉伸弹簧式：拉伸弹簧呈水平状态设置于层门上坎中，其两端直接与门扇和上坎连接，驱动门扇产生自动关闭力。这种形式的装置可以简化层门上坎的结构，但会使层门上坎的高度和体积增加；同时，由于拉伸弹簧布置在上坎中的位置较为紧凑，在其水平运动过程中容易与线缆等部件发生擦碰。

2）垂直拉伸弹簧式：拉伸弹簧通常呈垂直状态设置于门扇上，依靠联动钢丝绳绕过门扇上的定滑轮，与另一侧门扇或上坎连接，依靠定滑轮将弹簧垂直方向的拉力转换为水平拉力，通过门扇之间的联动机构，产生自动关闭力。

学习笔记

拉伸弹簧垂直布置可以缩小层门上坎的体积，减少上坎的高度。

（3）压缩弹簧式自动关闭装置

某型号压缩弹簧式自动关闭装置如图 2-36 所示。其压缩弹簧往往设计在直接连接的层门联动机构上，即常说的摆杆上，通过门扇之间的摆杆联动机构将弹簧的弹力转换为水平关闭力作用到所有门扇上，使层门自动关闭。

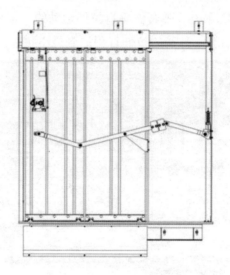

图 2-36　某型号压缩弹簧式自动关闭装置

重点思考

层门门扇水平开关的过程中，利用各摆杆之间传动比的杠杆放大效应，使压缩弹簧的工作行程大幅度小于开关门的总行程，而压缩弹簧的弹力经过同比例缩小，成为最终作用在门门扇上的自动关闭力。因此，压缩弹簧式层门自闭装置更适合应用于开门宽度较大的水平滑动折叠门上。

采用压缩弹簧式层门自动关闭装置时，弹簧在压缩状态下工作，其自身不容易失效，当层门接近关闭时，压缩弹簧的压缩行程达到最小状态，其弹力达到最小值。

2.3　轿门结构

2.3.1　轿门结构概述

轿门结构如图 2-37 所示。

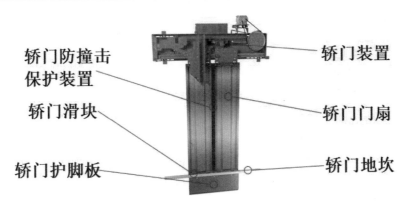

图 2-37　轿门结构

1. 轿门防撞击保护装置

轿门防撞击保护装置如图 2-38 所示。作用：轿门关闭过程中能够检测到进出轿门的乘客，即刻停止关门，重新开启轿门。

2. 轿门滑块

轿门滑块如图 2-39 所示。作用：滑块沿地坎中的槽运行，起下端导向和防止门扇倾翻的作用。

图 2-38　轿门防撞保护装置

图 2-39　轿门滑块

3. 轿门护脚板

轿门护脚板如图 2-40 所示。作用：防止乘客进入轿厢前脚部受到轿厢地坎的剪切。

4. 轿门地坎

轿门地坎如图 2-41 所示。作用：乘客或货物进出轿厢的踏板，并在门扇开启和关闭时对门扇下部分起导向作用。

图 2-40 轿门护脚板

图 2-41 轿门地坎

5. 轿门门扇

轿门门扇如图 2-42 所示。作用：起封闭和保护乘客的作用，保障安全。

6. 轿门装置

轿门装置如图 2-43 所示。作用：固定门扇和使门开启、关闭的装置。

图 2-42 轿门门扇

图 2-43 轿门装置

2.3.2 轿门装置结构

轿门装置结构如图 2-44 所示。

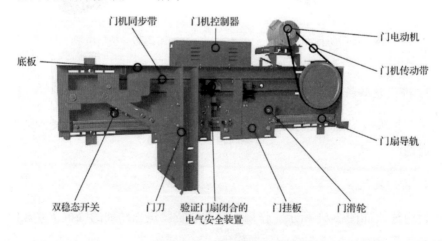

图 2-44 轿门装置结构

📖 学习笔记

1. 底板

底板如图 2-45 所示。作用：起支撑门机装置各个子部件的作用。

2. 门机同步带

门机同步带如图 2-46 所示。作用：保证轿门两扇门扇同时开关。

图 2-45　底板　　　　　　　　　图 2-46　门机同步带

3. 门机控制器

门机控制器如图 2-47 所示。作用：控制和监测轿门的开启与关闭。

4. 门电动机

门电动机如图 2-48 所示。具体将在 7.4 节介绍这里不再赘述。

图 2-47　门机控制器　　　　　　图 2-48　门电动机

💡 重点思考

5. 门机传动带

门机传动带如图 2-49 所示。作用：将门电机动力传至门开关机构。

6. 门扇导轨

门扇导轨如图 2-50 所示。作用：用以承受悬挂门扇的重量，并对门扇起导向作用。

图 2-49　门机传动带　　　　　　图 2-50　门扇导轨

7. 门滑轮

门滑轮如图 2-51 所示。作用：安装在门扇上方的门挂板上，门滑轮在门导轨上运行用作门扇悬挂和门扇上部分的导向轮。

8. 门挂板

门挂板如图 2-52 所示。作用：固定门扇，并可以沿门导轨运动。

图 2-52 门滑轮 　　　　　　　　图 2-52 门挂板

9. 验证门扇闭合的电气安全装置

验证门扇闭合的电气安全装置如图 2-53 所示。作用：监测门扇是否闭合，在门扇未闭合的状态下通过控制系统禁止电梯运行。

10. 门刀

门刀如图 2-54 所示。作用：用于开启层门和带动层门同步开启和关闭。

图 2-53 验证门扇闭合的电气安全装置 　　　图 2-54 门刀

11. 双稳态开关

双稳态开关如图 2-55 所示。详见 7.4 节这里不再赘述。

图 2-55　双稳态开关

12. 其他类型轿门装置

轿门装置除上面介绍的交流轿门装置外，还有直流轿门装置，如图 2-56 所示。直流门机由直流电动机、调速电阻箱、减速轮、机械摆臂等部件组成。其常采用整流后的直流 110V 电压作为电源电压，通过调节与电动机电枢分压的大功率电阻来调节电动机的速度，并利用传送带或链条连接减速轮进行减速，最后通过机械摆臂来驱动轿门的运动，其通常需要借助摆臂上的重锤来增大转动惯量以增加调速的稳定性，并在轿门关闭后提供关门保持力。

图 2-56　直流轿门装置

2.4　门锁装置

2.4.1　层门锁

层门锁如图 2-57 所示。当电梯处于正常工作状态时，电梯的各层层门都被门锁锁住，保证人员不能从层站外部将层门扒开，以防止人员坠落井道。当层门关闭时，层门锁紧装置通过机械连接将层门锁紧，同时为了确保电梯层门的关闭和锁紧，在层门锁触点接通和验证层门门扇闭合的电气安全装置闭合后，电梯才能启动，保证电梯运行时，门一定处于关闭锁紧状态。另外，层门锁还可以实现轿门驱动下的轿门和层门联动。只有当电梯停站时，门锁和层门才能被安装在轿门上的门刀带动而开启。

学习笔记

重点思考

学习笔记

图 2-57 层门锁

2.4.2 轿门锁

轿门锁如图 2-58 所示。当电梯处于非平层区域时，为防止轿门被打开，必要时轿门也设置了门锁装置。如果轿厢与面对轿厢入口的井道壁距离符合标准要求，轿门只需设置验证门扇闭合的电气安全装置即可；如果轿厢与面对轿厢入口的井道壁距离不符合标准要求，则轿门必须上锁，即必须设置与层门相同要求的门锁装置。

重点思考

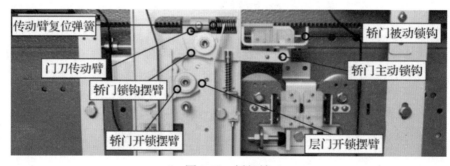

图 2-58 轿门锁

知识延伸

门锁装置报废标准

依据《电梯主要部件报废技术条件》（GB/T 31821—2015）对门锁装置的报废规定，门锁装置出现下列情况之一，视为达到报废技术条件：

1）门锁机械结构变形，导致不能保证 7mm 的最小啮合深度。

2）出现裂纹、锈蚀或旋转部件不灵活。

3）门锁触点严重烧蚀造成接触不良,影响电梯正常开、关门。

思考与练习

（1）选择题

1.1 下面为轿门装置的是（　　）。

A.

B.

C.

D.

1.2 轿门中常用的开门方式是（　　）。

A. 铰链门　　　B. 垂直滑动门　　　C. 水平滑动门　　　D. 折叠门

（2）判断题

大型货梯一般采用中分双折门。（　　）

（3）思考题

请同学们思考本节课的重难点分别是什么。

参考答案

拓展延伸

1. 机具

本模块施工所用到的机具如图 2-59 所示。

（a）校导尺

（b）电锤

（c）电焊机

图 2-59　本模块施工所用到的机具

学习笔记

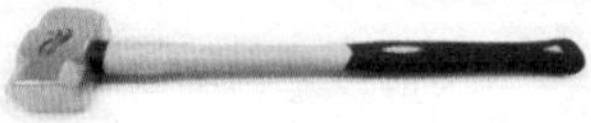

（d）钢锤

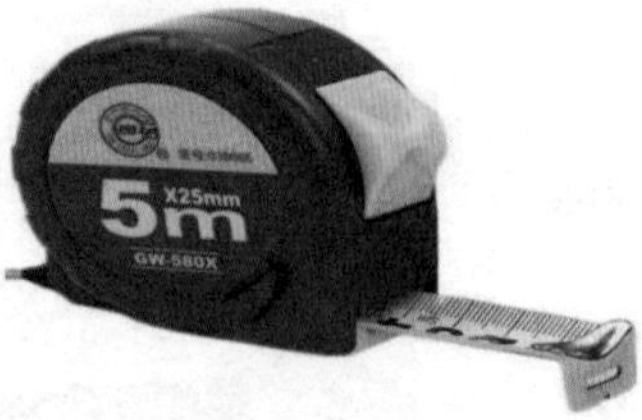

（e）盒尺

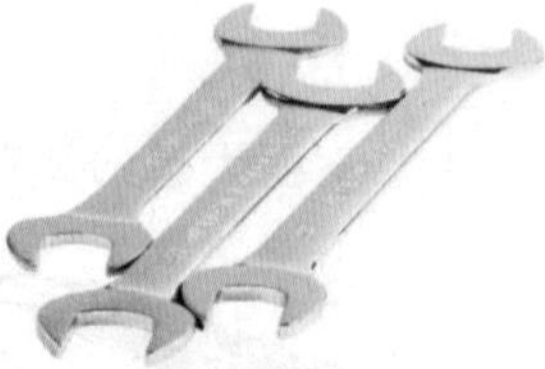

（f）扳手

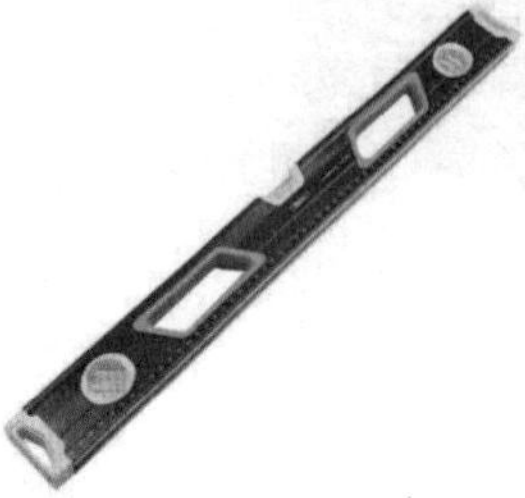

（g）水平尺

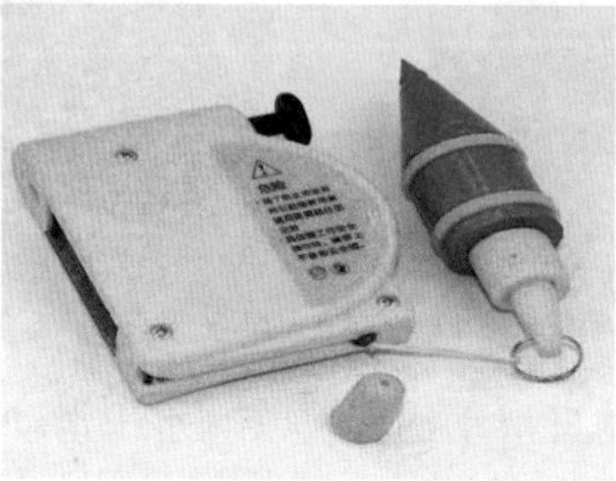

（h）线坠

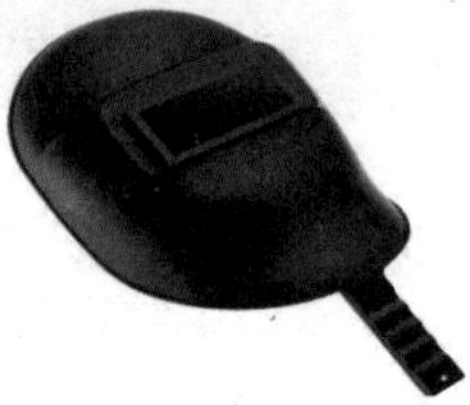

（i）电焊防护帽

重点思考

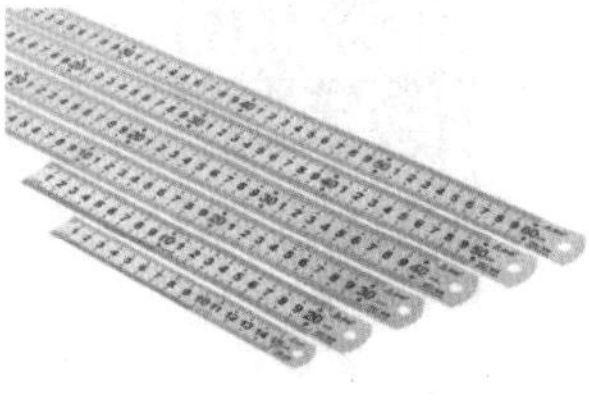

（j）钢直尺

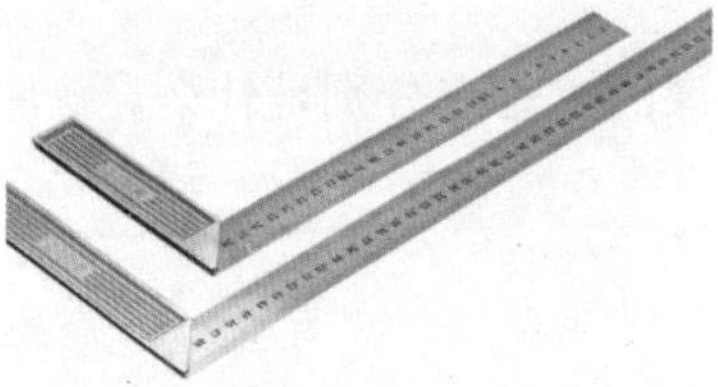

（k）直角尺

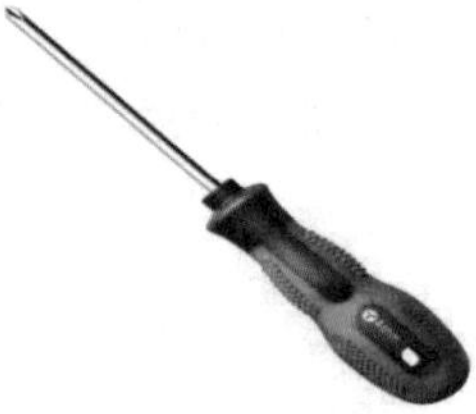

（l）螺钉旋具

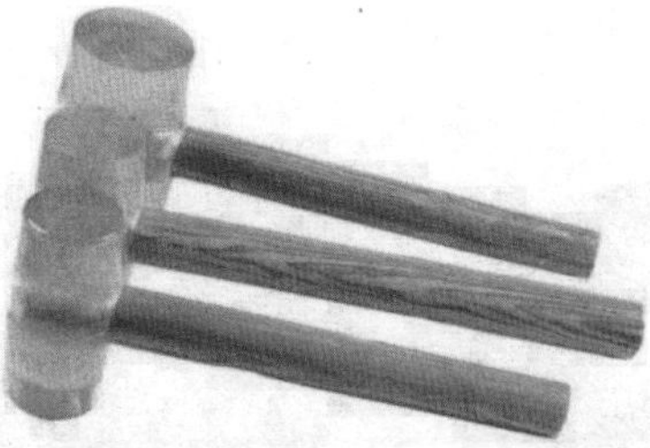

（m）橡胶锤

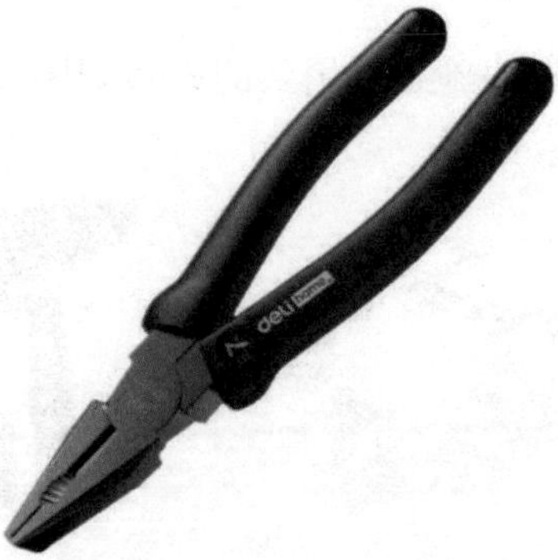

（n）电工钳子

图 2-59　本模块施工所用到的机具（续）

2. 衔接国标

电梯门的安全使用要求。

1）进入轿厢的井道开口处和轿厢入口处应装设无孔的层门和轿门。电梯门关闭时，在门扇之间或门扇与立柱、门楣与地坎之间的间隔应不超过 6mm。

2）层门和面对轿厢入口处的井道墙，应在轿厢整个入口宽度形成一个无孔表面（电梯门的运转间隙除外）。

3）为了使电梯门在使用过程中不发生变形，电梯门及电梯门框架应采用金属制造。

4）层门和轿门的最小净高度为 2m。净宽度不能超过轿厢宽度任何一侧 0.65m。

5）每个层站入口和轿厢入口处应装设一个具有足够强度的地坎，以承受进入轿厢的载荷正常通过。各层站地坎前面应有稍许坡度，以防止洗刷、洒水时水流入井道。

6）水平滑动门的顶部和底部都应设有导向装置，在运行中应避免脱轨、卡住或在行程终端错位。

7）轿门地坎与层门地坎之间的水平距离应不大于 35mm；轿门与闭合后的层门之间的水平距离，或各门之间在其整个正常操作期间的通行距离，均不得超过 0.12mm。

8）井道内表面与轿门框架立柱或地坎之间的水平距离不得大于 15mm。

9）对于手动开启的层门、轿门，使用人员在开门前，应能知道轿厢的位置，为此应安装透明的窥视窗。

10）层门、轿门应具有的机械强度：当门在锁住位置时，用 300N 的力垂直作用在该门扇任何面的任何位置上且均匀分布在 5cm² 面积上时，应能承受而无永久变形，弹性变形不大于 15mm。经过这种试验后，层门、轿门应能良好动作。

11）层门关闭时，在水平滑动门的开启方向，以 150N 的人力（不用工具）施加在一个最不利的点上时，门扇之间或门扇与立柱、门楣或地坎之间可以超过 6mm，但不得超过 30mm。

电梯正常运行时，层门和轿门应不能打开；它们之间如有一个被打开，电梯应停止运行或不能启动。因此，层门和轿门必须设置电气安全装置（门锁开关）。只有把层门及轿门有效地锁紧在关门位置，锁紧元件啮合至少为 7mm 时，轿厢才能启动。

13）层门和轿门及其四周的设计应尽可能避免由于夹住人、衣服或其他物体而造成伤害的后果。门的表面不得有超过 3mm 的任何凹进或凸出，边缘应做倒角。

14）在层门或轿门关闭过程中，如果有人穿过门口而被撞击或即将被撞击时，保护装置必须自动使门重新开启。

15）如果电梯由于任何原因停在靠近层站的地方，为允许乘客离开轿厢，在轿厢停住并切断开门机电源的情况下，应能用不大于 300N 的力开启或部分开启轿门；如在开锁区内，层门与轿门联动时，应能从轿厢内用手开启或部分开启轿门及与它相连的层门。

《电梯、自动扶梯、自动人行道术语》（GB/T 7024—2008）中门保护装置的相关术语如下：

安全触板（safety edge for door; safety shoe）：在轿门关闭过程中，当有乘客或障碍物触及时，使轿门重新打开的机械式保护装置。

光幕（safety curtain for door）：在轿门关闭过程中，当有乘客或物体通过轿门时，在轿门高度方向上的特定范围内可自动探测并发出信号使轿门重新打开的门保护装置。

模块 3　导向系统

思维导图

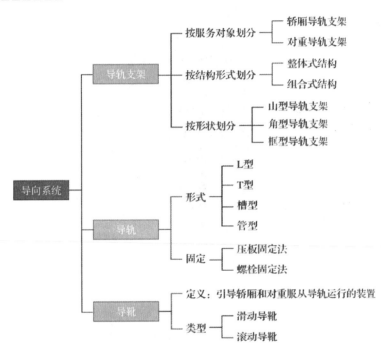

导向系统
- 导轨支架
  - 按服务对象划分
    - 轿厢导轨支架
    - 对重导轨支架
  - 按结构形式划分
    - 整体式结构
    - 组合式结构
  - 按形状划分
    - 山型导轨支架
    - 角型导轨支架
    - 框型导轨支架
- 导轨
  - 形式
    - L型
    - T型
    - 槽型
    - 管型
  - 固定
    - 压板固定法
    - 螺栓固定法
- 导靴
  - 定义：引导轿厢和对重服从导轨运行的装置
  - 类型
    - 滑动导靴
    - 滚动导靴

学习目标

【知识目标】

掌握导向系统结构部位的配件、作用及相关报废标准。

【能力目标】

能按照本模块内容及标准规范提高学生对导向系统配件的认知能力。

【素养目标】

培养具有吃苦耐劳、团结协作、精益求精精神的技能人才。

电梯导向系统（图 3-1）的作用是强制对重和轿厢只能沿着各自左右两列导轨上下运行，不会发生水平摆动。它包括对重导向装置和轿厢导向装置两部分，由导轨、导靴和导轨支架组成，导轨支架作为导轨的支承件，被固定在井道壁上；轿厢导靴安装在轿厢上梁和轿厢底部安全钳座下面，对重导靴安装在对重架的上、下梁上，均安装 4 个。根据电梯的类别，以及运行速度、载重的不同，导轨、导轨架和导靴的结构和尺寸不尽相同。

导向系统

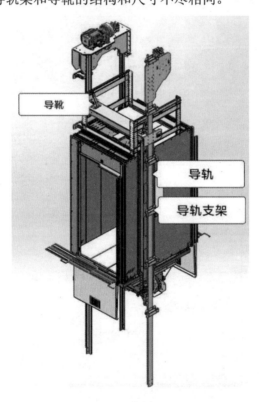

图 3-1　电梯导向系统

3.1　导轨

电梯导轨一般采用机械加工方式或冷轧加工方式制作。它是电梯上行行驶在电梯井道的安全路轨，导轨安装在井道壁上，被导轨架、导轨支架固定连接在井道墙壁上，如图 3-2 和图 3-3 所示。

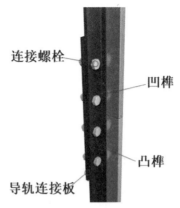

连接螺栓

凹榫

凸榫

导轨连接板

图 3-2　导轨展示图　　　　图 3-3　导轨安装效果图

3.1.1　导轨的种类

电梯中常用的导轨有 T 型导轨、L 型导轨、空心导轨等。T 型导轨（图 3-4）具有良好的抗弯性能及良好的可加工性，在电梯中广泛使用。空心导轨（图 3-5）用薄钢板滚轧而成，可作为乘客电梯对重导轨使用。L 型导轨（图 3-6）的强度、刚度及表面精度较低，且表面粗糙，因此常用于货梯对重导轨和速度为 1m/s 以下客梯的对重导轨。

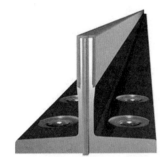

图 3-4　T 型导轨　　　　图 3-5　空心导轨　　　　图 3-6　L 型导轨

按照国家标准《电梯 T 型导轨》（GB/T 22562—2008）生产的 T 型导轨，其型号组成如下：

GB/T 22562-T△/□

△—导轨宽度，单位为 mm。常用规格有 45、50、70、75、78、82、90、114、125、127-1/127-2、140-1、140-2、140-3。

□—加工方法代号，A 表示冷拔、B 表示机械加工、BE 表示高质量机械加工。

例如，型号 GB/T 22562-T90/A 表示按照国家标准 GB/T 22562—2008 生产

学习笔记

的截面形状为 T 型、底面宽度为 90mm 的冷拔电梯导轨。表 3-1 为我国 T 型导轨的主要规格参数。

表 3-1　我国 T 型导轨的主要规格参数

规格标志	B	H	K
T45/A	45	45	5
T50/A	50	50	5
T70-1/A	70	65	9
T70-2/A	70	70	8
T75-1/A	75	55	9
T75-2/A(B)	75	62	10
T82/A(B)	82.5	68.25	9
T89/A(B)	89	62	15.88
T90/A(B)	90	75	16
T125/A(B)	125	82	16
T127-1/B	127	88.9	15.88
T127-2/A(B)	127	88.9	15.88

3.1.2　导轨的作用

导轨是轿厢和对重在垂直方向运行时起导向作用的组件。当安全钳动作时，导轨作为固定在井道内被夹持的支承件，承受着轿厢或对重产生的强烈制动力，使轿厢或对重可靠地停止在导轨上，防止由于轿厢的偏载而产生歪斜，保证轿厢运行平稳并减少振动。

3.2　导轨连接板

相关国家标准规定每根 T 型导轨的长度一般为 3～5m，导轨的两端部中心分别有凹凸形样槽，必须把两根导轨端部的凹凸型样槽对接好，然后用导轨连接板将两根导轨固定连接在一起。每根导轨端头至少需要 4 个螺栓与连接板固定，如图 3-7 所示。

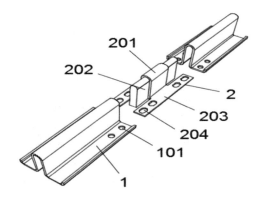

图 3-7　导轨连接板安装示意图

1—空心导轨；2—导轨连接板；101—导轨螺孔；201、202、203—导轨连接板

204—导轨连接板螺孔

3.2.1　导轨连接板的种类

电梯导轨连接板按种类分为对重连接板和轿厢连接板两种，如图 3-8 所示。导轨连接配件如图 3-9 所示。

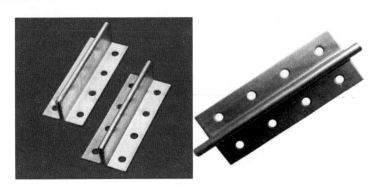

（a）对重连接板

（b）轿厢连接板

图 3-8　导轨连接板

学习笔记

重点思考

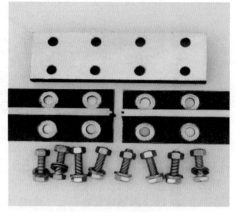

图 3-9 导轨连接配件

3.2.2 导轨连接板的作用

导轨连接板的作用是连接并固定相邻导轨，提高相邻导轨的连接强度。

🌱 知识延伸

1. T 型导轨报废标准

（1）作废标准

依据《电梯主要部件报废技术条件》（GB/T 31821—2015）对 T 型导轨的报废规定，T 型导轨出现下列情况之一时，视为达到报废技术条件：

4.10.1 T 型导轨

1）出现永久变形，影响电梯正常运行。

2）导轨工作面严重损伤，影响电梯正常运行。

3）出现严重锈蚀现象。

（2）安全风险

导轨是电梯运行的导向部件，导轨的不安全有可能对电梯设备的运行造成危险，并能造成对电梯乘客的伤害。

2. 空心导轨作废标准

（1）作废标准

依据《电梯主要部件报废技术条件》（GB/T 31821—2015）对空心导轨的报废规定，空心导轨出现下列情况之一时，视为达到报废技术条件：

4.10.2 空心导轨

1）出现永久变形，影响电梯正常运行。

2）防腐保护层出现起皮、起瘤或脱落。

3）出现严重锈蚀现象。

4）严重磨损，对重（平衡重）存在脱轨风险。

（2）安全风险

导轨是电梯运行的导向部件，导轨的不安全有可能对电梯设备的运行造成危险，并能造成对电梯乘客的伤害。

3.3 导轨支架

导轨支架（图3-10）是固定导轨的机件，按电梯安装平面布置图的要求，固定在电梯井道内的墙壁上。每根导轨上至少安装两个导轨支架，各导轨支架之间的间隔距离应不大于2.5m。导轨支架在井道墙壁上的固定方式有埋入式、焊接式、预埋螺栓和胀管螺栓固定式、对穿螺栓固定式5种。固定导轨用的导轨支架应用金属制作，不但要求有足够的强度，而且应能针对电梯井道建筑误差进行弥补性调整。可调支架是比较常见的轿厢导轨支架。导轨和导轨支架一般采用压导板把导轨固定在导轨支架上，用压导板压紧之前要在导轨背面和导轨支架之间放入调节垫片，预留导轨调节距离。

图3-10　导轨支架安装效果图

3.3.1 导轨支架的作用

导轨支架样品展示图如图3-11所示。作用：电梯导轨支架是用作支撑和固定导轨用的构件，被安装在井道壁或横梁上。它固定了导轨的空间位置，并承受来自导轨的各种动作。

图 3-11 导轨支架样品展示图

3.3.2 压导板的作用

压导板样品展示图如图 3-12 所示。作用：该压导板安装在电梯导轨上，压导板通过拧紧螺栓将导轨压紧在支架上，压导板依靠摩擦力防止导轨的横向移动，提高导轨的横向稳定性和可靠性。

重点思考

图 3-12 压导板样品展示图

3.3.3 导轨调节垫片的作用

导轨调节垫片样品展示图如图 3-13 所示。作用：防止导轨和支架之间的直接接触，减少摩擦和磨损，延长导轨和支架的使用寿命。此外，放置垫片还可以调整导轨和支架之间的间隙，确保导轨和支架之间的连接紧密而稳定。垫片还可以吸收振动和噪声，提高电梯运行的平稳性和舒适性。最重要的是，通过导轨调节垫片能够在未来的维保工作中灵活调节导轨间距。

图 3-13　导轨调节垫片样品展示图

🌱 知识延伸

导轨支架的保养标准:

1) 导轨支架连接螺栓无松动。

2) 墙部膨胀无松动。

3) 调节垫片焊接牢固, 无松动。

3.4　导靴

导靴安装在对重架和轿厢架上, 分别称为对重导靴和轿厢导靴。它是保证对重和轿厢沿着导轨上下运行的装置, 也是保持层门地坎、轿门地坎、井道壁和操作系统各部件之间恒定位置关系的装置。导靴的结构如图 3-14 所示。

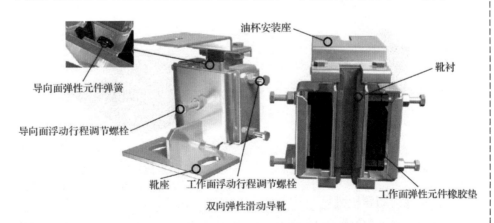

图 3-14　导靴的结构

常用的电梯导靴按照在导轨工作面上的运动方式分为滑动导靴和滚动导

靴两种。下面分别进行介绍。

3.4.1 滑动导靴

滑动导靴分为刚性滑动导靴和弹性滑动导靴两种。应用这种导靴时应注意解决好润滑问题。

1. 刚性滑动导靴

刚性滑动导靴的结构比较简单，常作为运行速度小于0.63m/s、额定载重量在3000kg以上的电梯中的对重导靴和轿厢导靴。它主要由靴衬和靴座组成，靴衬常用耐磨性和减振性能好的尼龙注塑成型；靴座则由铸铁或钢板焊接成型，具有较高的强度和刚度。

为了减小导轨工作面和导靴靴衬的摩擦力，一般需要在刚性滑动导靴的上方安装导轨油盒，夹住导轨油以减小摩擦力，轿厢上方导靴和对重上方导靴各安装两个导轨油盒；在对重导轨和轿厢导轨的最下端一般还各安装两个接油盒，防止导轨油滴落污染电梯底坑环境。

（1）刚性轿厢滑动导靴

刚性轿厢滑动导靴如图3-15所示。作用：轿厢导靴可以将轿厢固定在导轨上，让轿厢只能上行移动，提高了轿厢运行的稳定性。

（2）刚性对重滑动导靴

刚性对重滑动导靴如图3-16所示。作用：对重导靴可以将对重固定在导轨上，让对重只能沿着导轨的方向上行运行，提高了对重运行的稳定性。

图3-15　刚性轿厢滑动导靴　　　　图3-16　刚性对重滑动导靴

（3）刚性滑动导靴靴衬

刚性滑动导靴靴衬如图3-17所示。作用：电梯靴衬是电梯导轨与导靴之间的高耐磨性的塑料块，其固定在导靴中，从而减轻电梯与导靴的摩擦，起到高耐磨和稳定电梯的作用。

（4）电梯导轨油杯

电梯导轨油杯如图 3-18 所示。作用：电梯导轨油杯的主要作用是润滑导轨，防止导轨生锈，降低电梯运行时的噪声，预防导靴滑块磨损过快。油杯安装在对重和轿厢的上导靴上，油杯中的润滑油通过毛毡均匀地涂到导轨工作面上，达到自动润滑的目的。

图 3-17　刚性滑动导靴靴衬　　　　图 3-18　电梯导轨油杯

（5）电梯底坑接油盒

电梯底坑接油盒如图 3-19 所示。其接油盒安装在底坑对重导轨和轿厢导轨的底部，卡在导轨上。作用：盛接顺着导轨流下来的导轨油，防止对电梯底坑造成污染。

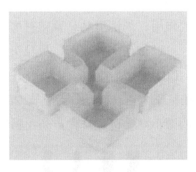

图 3-19　电梯底坑接油盒

2. 弹性滑动导靴

速度在 1.0m/s< v <2.0m/s、额定载重在 2000kg 以下的对重导靴和轿厢导靴，大多使用性能比较好的弹性滑动导靴。弹性滑动导靴又可以分为单向浮动性弹簧式滑动导靴和橡胶弹簧式滑动导靴两种。

（1）单向浮动性弹簧式滑动导靴

单向浮动性弹簧式滑动导靴如图 3-20 所示。作用：在垂直于导轨端面的方向上起缓冲作用，但其与导轨侧工作面间仍要留有较大的间隙，这就使它对导轨侧工作面方向上的振动与冲击没有减缓作用。采用这种导靴的电梯额定速度上限为 1.75m/s。

（2）橡胶弹簧式滑动导靴

橡胶弹簧式滑动导靴如图 3-21 所示。作用：此导靴的靴头具有一定方向性，因此在导轨侧工作面方向上也有一定的缓冲性能，其工作性能较优，适应的电梯速度范围也相应增大。

图 3-20 单向浮动性弹簧式滑动导靴　　图 3-21 橡胶弹簧式滑动导靴

（3）弹性滑动导靴靴衬

弹性滑动导靴靴衬如图 3-22 所示。作用：主要是减轻电梯与导靴的摩擦，起到高耐磨和稳定电梯的作用。弹性滑动导靴靴衬磨损后会使接触压力下降，在磨损量不大的情况下，可以转动螺杆调节，把靴头向前推，增大接触压力，保证轿厢运行的平稳性，但接触压力不宜过大，否则会增大运行的阻力，加快靴衬的磨损，靴头可以在靴座内自动转动，当导轨安装不直或靴衬侧面上下两端磨损不均匀时，靴头的微小摆动可以补偿，防止轿厢振动或卡轨。

图 3-22 弹性滑动导靴靴衬

3.4.2 滚动导靴

弹性滑动导靴和刚性滑动导靴的靴衬无论是尼龙的还是铁的，在电梯运行中，导靴的靴衬与导轨之间总有摩擦力，这个摩擦力不但增加了曳引机的负荷，更是电梯轿厢运行中产生振动和噪声的主要原因。因此，为了减轻导轨和导靴的摩擦力、节约能量、提高乘客的乘坐舒适感，在运行速度大于 2.0m/s 的高速电梯中常采用滚动导靴来代替弹性滑动导靴。

1. 组成

滚动导靴由滚轮、调节弹簧、靴座等组成，有 3 个滚轮和 6 个滚轮两种类型，如图 3-23 所示。为了延长滚轮的使用年限，减少滚轮与导轨工作面在做滚动摩擦运行时产生的噪声，滚轮外缘一般由橡胶、聚氨酯材料制作而成，使用过程中不允许在导轨工作面上加润滑油，防止打滑。

（a）三轮滚动导靴样品图　　　（b）六轮滚动导靴样品图

图 3-23　滚动导靴

滚动导靴滚轮样品图如图 3-24 所示。

图 3-24　滚动导靴滚轮样品图

2. 作用

滚动导靴又称滚轮导靴，其采用了滚动接触，可以减少导靴和导轨之间的

学习笔记

重点思考

摩擦阻力、节省动力、减少振动和噪声，用于高速电梯和矿用电梯上（运行速度 2m/s 以上）。

🌱 知识延伸

导靴报废标准

依据《电梯主要部件报废技术条件》（GB/T 31821—2015）对导靴的报废规定，导靴出现下列情况之一，视为达到报废技术条件：

1）出现开裂；

2）出现永久变形，影响电梯正常运行或对重（平衡重）存在脱轨风险。

📋 思考与练习

（1）填空题

下图所示的电梯部件是（　　　）。

（2）判断题

2.1 导靴的类型有滑动导靴和滚动导靴两种。（　　　）

2.2 导轨支架只有一种安装方式。（　　　）

2.3 轿厢导轨支架与对重导轨支架可以不一样。（　　　）

2.4 导轨支架安装没有横平竖直，不影响电梯安装质量。（　　　）

（3）选择题

3.1 滑动导靴按照类型可以划分成（　　　）。

A. 刚性滑动导靴　　B. 柔性滑动导靴

C. 弹性滑动导靴　　D. 标准滑动导靴

3.2 两导轨支架间距应不大于（　　　）m。

A. 2　　　B. 2.3　　　C. 2.5　　　D. 2.6

3.3 最底导轨支架距底坑（　　）mm 以内。

A. 800　　B. 900　　C. 1000　　D. 1100

3.4 最高导轨支架距井道顶距离不大于（　　）mm。

A. 300　　B. 400　　C. 500　　D. 600

（4）简单题

4.1 电梯的导向系统由哪几部分组成？它的功能是什么？

4.2 电梯的导轨有什么作用？它有哪些类型？

4.3 导轨支架的架设要求是什么？它的固定方式有哪几种？

4.4 试叙述电梯导靴的作用和结构形式。

（5）思考题

请同学们思考本节课的重难点分别是什么？

参考答案

拓展延伸

1. 机具

本模块施工所用到的机具如图 3-25 所示。

（a）校导尺　　　　　　　（b）电锤　　　　　　　　（c）电焊机

（d）钢锤　　　　　　　　（e）盒尺　　　　　　　　（f）扳手

（g）水平尺　　　　　　　（h）线坠　　　　　　（i）电焊防护帽

（j）钢直尺　　　　　　　（k）直角尺　　　　　　（l）螺钉旋具

图 3-25　本模块施工所用到的机具

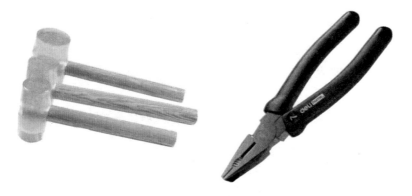

（m）橡胶锤   （n）电工钳子

图 3-25　本模块施工所用到的机具（续）

2. 衔接国标

1）《电梯安装验收规范》（GB/T 10060—2011）对导轨支架的要求：

5.2.5.2　每根导轨宜至少设置两个导轨支架，支架间距不宜大于 2.5m。当不能满足此要求时，应有措施保证导轨安装满足 GB 7588—2003 中 10.1.2 规定的许用应力和变形要求。

对于安装于井道上、下端部的非标准长度导轨，其导轨支架数量应满足设计要求。

5.2.5.3　固定导轨支架的预埋件，直接埋入墙的深度不宜小于 120mm。

采用建筑锚栓安装的导轨支架，只能用于具有足够强度的混凝土井道构建上，建筑锚栓的安装应垂直于墙面。

采用焊接方式连接的导轨支架，其焊接应牢固，焊缝无明显缺陷。

2）《电梯制造与安装安全规范　第 1 部分：乘客电梯和载货电梯》（GB/T 7588.1—2020）中对导轨的要求：

5.7　导轨

5.7.1　轿厢、对重和平衡重的导向

5.7.1.1　轿厢、对重（或平衡重）各自应至少由两列刚性的钢质导轨导向。

5.7.1.2　导轨应采用冷拉钢材制成，或摩擦表面采用机械加工方法制作。

5.7.1.3　对于没有安全钳的对重（或平衡重）导轨，可使用成型金属板材，并应作防腐蚀保护。

5.7.1.4　导轨与导轨之架在建筑物上的固定，应能自动地或采用简单方法调节，对因建筑物的正常沉降和混凝土收缩的影响予以补偿。

学习笔记

重点思考

应防止因导轨附件的转动造成导轨的松动。

5.7.1.5　对于含有非金属零件的导轨固定组件，计算允许的变形时应考虑这些非金属零件的失效。

5.7.2　载荷和力

5.7.2.1　总则

5.7.2.1.1　导轨及其接头和附件应能承受施加的载荷和力，以保证电梯安全运行。

电梯安全运行与导轨有关的部分为：

a）应保证轿厢与对重（或平衡重）的导向；

b）导轨变形应限制在一定范围内，使得：

1）不应出现门的意外开锁；

2）不应影响安全装置的动作；

3）运动部件应不会与其他部件碰撞。

5.7.2.1.2　应考虑导轨及导轨支架的变形、导靴与导轨间隙、导轨直线度及建筑结构的影响，以确保电梯的安全运行。参见 0.4.2 和 E.2。

3）《建筑安装分项工程施工工艺规程》（DBJ/T　01—26—2003）对导靴的要求：

3.5.1　上、下导靴应在同一垂直线上，不允许有歪斜、偏扭现象。

3.5.2　导靴组装应符合以下规定：

a）采用刚性结构，能保证对重正常运行，且两导轨顶面与两导靴内表面间隙之和不大于 2.5mm。

b）采用弹性结构，能保证对重正常运行，且导轨顶面与导靴滑块面无间隙，导靴弹簧的伸缩范围不大于 4mm。

c）采用滚动导靴，滚轮对导轨不歪斜，压力均匀，中心一致，且在整个轮缘宽度上与导轨工作面均匀接触。

模块 4 轿厢系统

🔄 **思维导图**

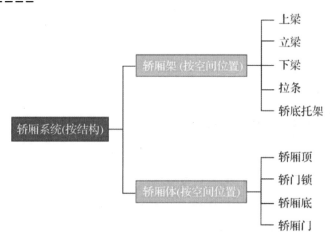

📝 **学习目标**

【知识目标】

了解电梯轿厢的功能和技术要求,掌握轿厢系统结构及各部位的配件名称与相关报废标准。

【能力目标】

能按照本模块内容及标准规范使学生熟悉并掌握电梯轿厢架和轿厢体的结构和类型。

【素养目标】

培养具有吃苦耐劳、不怕困难、一丝不苟、精益求精精神的技能人才。

轿厢(图4-1)是电梯的主要部件之一,是用以承载和运送

轿厢系统

乘客或货物，具有方便出入门装置的箱形结构部件，是与乘客或货物直接接触的，轿厢由轿厢架和轿厢体两大部分组成。轿厢上还装有其他装置。

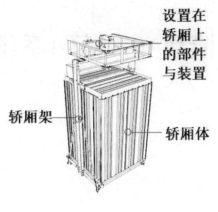

图 4-1　轿厢

4.1　轿厢架

4.1.1　轿厢架的作用和组成

轿厢架是固定和悬吊轿厢的框架，也是承受电梯轿厢重量的构件，轿厢的负荷（自重加上载重）由它传递到曳引钢丝绳，当安全钳动作或蹾底撞击缓冲器时，还要承受由此产生的反作用力，因此轿厢架要有足够的强度。

轿厢架由上梁、立梁、下梁、拉条和轿底托架等部分组成，如图 4-2 所示。

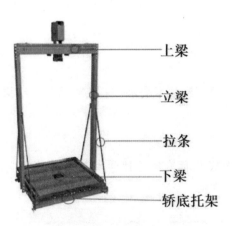

图 4-2　轿厢架的组成

1. 上梁

上梁如图 4-3 所示。上梁的作用是提供减振保护，常见的结构有两种：组合式结构和单体式结构。组合式结构两条槽钢为主体，具有制造方便的优点；单体式结构用钢板压制成梁体，具有自重轻的优点。

2. 立梁

立梁如图 4-4 所示。立梁置于轿厢体两侧，上连上梁，下接下梁，常见结构有组合式结构和单体式结构两种。组合式结构以两条角钢为主体，具有自重轻的优点；单体式结构以单挑槽钢为主体，立梁的上、下端均用螺栓与上梁和下梁连接。

学习笔记

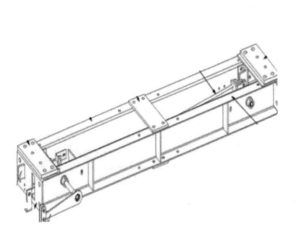

图 4-3　上梁　　　　　　　　图 4-4　立梁

重点思考

3. 下梁

下梁如图 4-5 所示。下梁用以安装轿厢底，作用是直接承受轿厢的重量。下梁常见的结构有梁式结构和框式结构两种。

4. 拉条

拉条如图 4-6 所示。设置拉条是为了增强轿厢架的刚度，防止轿底负载偏心后底板倾斜。

5. 斜拉杆螺栓

斜拉杆螺栓如图 4-7 所示。斜拉杆螺栓的作用是固定斜拉条，增强轿厢架的支撑强度。

6. 轿底托架

轿底托架如图 4-8 所示。轿底托架的作用是减小电梯晃动，增强电梯的稳定性。

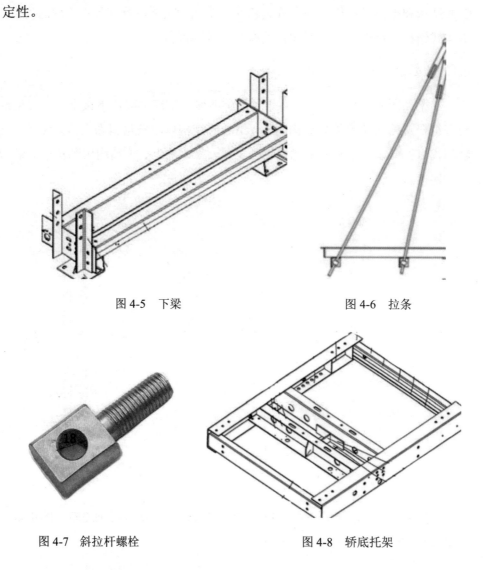

图 4-5　下梁

图 4-6　拉条

图 4-7　斜拉杆螺栓

图 4-8　轿底托架

4.1.2　轿厢架的分类

1. 对边形轿厢架

对边形轿厢架如图 4-9 所示。其适用于具有一面或对面设置轿门的电梯。这种形式轿厢架受力情况较好，当轿厢作用有偏心载荷时，只在轿架支撑范围内发生拉力，或在立柱发生推力，是大多数电梯所采用的构造方式。

2. 对角形轿厢架

对角形轿厢架如图 4-10 所示，常用在具有相邻两边设置轿门的电梯上。这种轿厢架在受到偏心载荷时使各构件不但受到偏心弯曲，而且其顶架还会受到扭转的影响。受力情况较差，特别是重型电梯，应尽量避免采用。

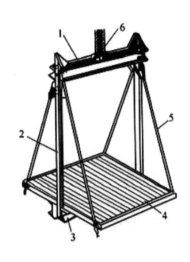

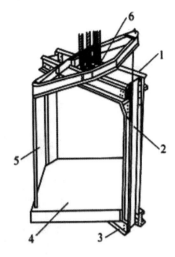

图 4-9　对边形轿厢架

1—上梁；2—立梁/立柱；3—底横梁；

4—轿厢地板；5—斜拉杆/拉条；6—绳头组合

图 4-10　对角形轿厢架

1—上梁；2—立梁/立柱；3—底横梁；4—轿厢地板；5—斜拉杆/拉条；6—绳头组合

🌱知识延伸

1. 轿厢架判废准则

依据《电梯主要部件报废技术条件》（GB/T 31821—2015）对轿厢架的报废规定，轿厢架存在下列情况之一，视为达到报废技术条件：

1）轿架变形导致轿底倾斜大于其正常位置 5%。

2）轿架严重变形，导致导靴或安全钳不能正常工作。

3）轿架出现脱焊或材料开裂，影响电梯安全运行。

4）轿架严重腐蚀，主要受力构件断面壁厚腐蚀达设计厚度的 10%。

2. 安全风险

轿厢架变形或损伤可能导致安全钳误动作、轿厢与井道部件撞击或坠落，从而使乘客受到伤害。

4.2　轿厢体

4.2.1　轿厢体的作用和组成

轿厢体是形成轿厢空间的封闭围壁，除必要的出入口和通风孔外不得有其他开口。轿厢体由不易燃和不产生有害气体及烟雾的材料制成。为了乘员的安全和舒适，轿厢入口和内部的净高度不得小于 2m。为防止乘员过多而引起超载，轿厢的有效面积必须予以限制。

轿厢体一般由轿厢顶、轿厢壁、轿厢底等组成，如图 4-11 所示。

图 4-11　轿厢体

1. 轿厢顶

轿厢顶如图 4-12 所示。其一般由薄钢板制成，前端要安设开门机构和安装轿门，要求结构较强，一般用拉条拉在立柱上端或上梁上。轿顶装有照明灯，有的电梯还装有电风扇。除杂物电梯外，有些电梯的轿厢还设有安全窗，以便在发生事故或故障时，司机或检修人员上轿厢检修井道内的设备，必要时乘员还可以通过安全窗撤离轿厢。

2. 轿厢壁

轿厢壁如图 4-13 所示。轿厢壁一般用厚度 1.2～1.5mm 的薄钢板拼接，并用螺栓连接。其内部有特殊形状的纵向筋以提升轿厢壁的强度和刚性，并在拼合接缝处加装饰嵌条，表面用喷涂或贴膜装饰。为了防止电梯运行时轿壁发生振动引起噪声，一般在轿壁板背面涂敷或粘贴阻尼材料。

图 4-12　轿厢顶

图 4-13　轿厢壁

3. 轿厢底

轿厢底如图4-14所示。轿厢底是轿厢支承负载的组件，它由底板、框架和轿门地坎等组成，框架由型钢或钢板压制焊接而成。客梯的底板由薄钢板制成，上面敷以表面材料；货梯底板一般由4～5mm的轧花钢板制成。

轿厢底的前沿设有轿门地坎（图4-15），地坎处装有一块垂直向下延伸的光滑挡板，即护脚板，以防乘员在层站将脚插入轿厢底部造成挤压，甚至坠入井道。

📖 学习笔记

图 4-14　轿厢底　　　　　图 4-15　轿门地坎

4. 轿厢门

轿厢门如图4-16所示。轿厢门安装在轿厢入口，随同轿厢一起运行。在门关闭时，除规定的运动间隙外，轿厢和井道的入口应完全封闭，以免发生剪切和坠落事故。

💡 重点思考

图 4-16　轿厢门

4.2.2 轿厢上的其他装置

轿厢上还设有轿厢防晃装置、轿顶护栏和轿底减振橡胶垫等装置，如图 4-17 所示。

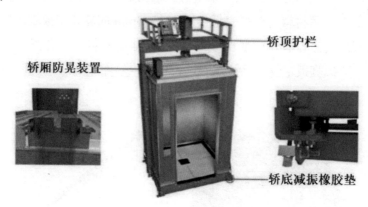

图 4-17 轿厢上的其他装置

1. 轿厢防晃装置

轿厢防晃装置如图 4-18 所示。其可以有效缓解轿厢在移动过程中产生的晃动或倾斜，从而提高乘员的乘坐舒适感。

2. 轿顶护栏

轿顶护栏如图 4-19 所示。为了确保电梯维修人员的安全，当轿顶外侧边缘至井道壁有水平方向超过 0.3m 的自由距离时，轿顶应设置护栏。护栏应装设在距轿顶边缘最大为 0.15m 的范围内。护栏的入口应使人员能安全和容易地进入及撤出轿顶。

图 4-18 轿厢防晃装置

图 4-19 轿顶护栏

3. 轿底减振橡胶垫

轿底减振橡胶垫如图 4-20 所示。轿底减振橡胶垫大多为橡胶与金属复合制品，主要作用是减小和消除电梯运行中的振动和噪声，增加电梯运行的稳定性和舒适感。

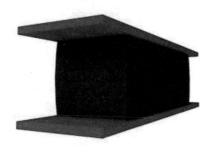

图 4-20　轿底减震橡胶垫

4.2.3　轿厢的分类

1. 客梯轿厢

客梯轿厢（图 4-21）是给乘客提供一个空间，输送乘客去目的楼层，所以以乘客的舒适性、方便性为主要目的。客梯轿厢内的采光一般使用柔和的光线，往往将灯装设在吊顶上侧，为了有效改善轿厢内的空气质量，还会装设换气风扇，某些在热带地区使用高档电梯，还会加装电梯专用空调器，保持轿厢凉爽舒适。

2. 货梯轿厢

货梯轿厢（图 4-22）主要运送货物，无装饰要求。轿底采用较厚的花纹钢板制作，便于承重并防止货物滑移。在乘坐货梯时，应尽量使货物置于轿厢中部并避免集中载荷。货梯有时还会采用直通式轿厢，即开设两个直接相对的轿门，以方便货物装卸或配合工厂建筑结构。

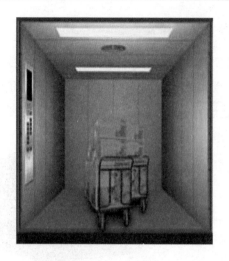

图 4-21　客梯轿厢　　　　　　　　图 4-22　货梯轿厢

3. 观光电梯轿厢

观光电梯（图 4-23）一般设在高档豪华宾馆、大型商城和展览大厅内外。此类电梯轿厢通透明亮，外形常做成菱形、圆形等。观光梯轿厢的内外装饰十分讲究，除内部设计豪华外，其外露部分常加装各种彩色装饰和彩色灯具。

4. 医用电梯轿厢

医用电梯轿厢如图 4-24 所示，此类电梯轿厢一般长而窄，照明设置以间接照明为宜，须定期做清洁、消毒处理，所以轿厢内壁较为光洁、平整，多采用不锈钢壁板，易于清理消毒，电梯运行的平稳性要求较高。

图 4-23　观光电梯　　　　　　　　图 4-24　医用电梯轿厢

知识延伸

1. 轿厢壁、轿厢顶和轿厢底判废准则

依据《电梯主要部件报废技术条件》（GB/T 31821—2015）对轿厢壁、轿厢顶和轿厢底的报废规定，轿厢壁、轿厢顶和轿厢底存在下列情况之一，视为达到报废技术条件：

1）轿壁、轿顶严重锈蚀穿孔或破损穿孔，孔的直径大于 10mm。

2）轿壁、轿顶严重变形或破损，加强筋脱落。

3）轿壁的强度不符合 GB 7588—2020 中 8.3.2.1 要求。

4）轿底严重变形、开裂、锈蚀或穿孔。

5）玻璃轿壁、轿顶出现裂纹。

2. 地坎的判废准则

依据《电梯主要部件报废技术条件》（GB/T 31821—2015）对地坎的报废规定，地坎存在下列情况之一，视为达到报废技术条件：

1）地坎变形，与门扇间隙不符合 GB 7588—2003 中 7.1 或 8.6.3 要求。

2）地坎变形使层门地坎与轿厢地坎水平距离大于 35mm。

3）地坎滑槽变形，影响门扇正常运行或导致门导靴脱轨。

4）地坎出现断裂、开焊、严重磨损或腐蚀，影响层门和轿门正常工作。

3. 安全风险

轿厢的不安全因素有可能对电梯乘客和维护人员造成伤害。

思考与练习

（1）填空题

下图的电梯部件名称是（   ）。

（2）判断题

2.1 轿厢架按形式分为对边形轿厢架和对角形轿厢架两类。（　　　）

2.2 轿底托架的作用是可减小电梯晃动，增大电梯稳定性。（　　　）

2.3 轿厢体一般由轿厢顶、轿厢壁、对重架等组成。（　　　）

（3）选择题

3.1 轿厢架由（　　　）和拉条等部分组成。

A. 地坎　　　　B. 上梁　　　　C. 立梁　　　　D. 下梁

3.2 轿厢防晃装置的作用是有效缓解轿厢在移动过程中产生的（　　　）或（　　　）。

A. 晃动　　　　B. 噪声　　　　C. 倾斜　　　　D. 碰撞

（4）简答题

4.1 简述轿厢架的作用和组成。

4.2 轿顶护栏的作用是什么？

（5）思考题

请同学们思考本节课的重难点分别是什么。

参考答案

拓展延伸

1. 机具

本模块施工所用到的机具如图 4-25 所示。

（a）校导尺　　　　　　（b）盒尺　　　　　　（c）电焊机

图 4-25　本模块施工所用到的机具

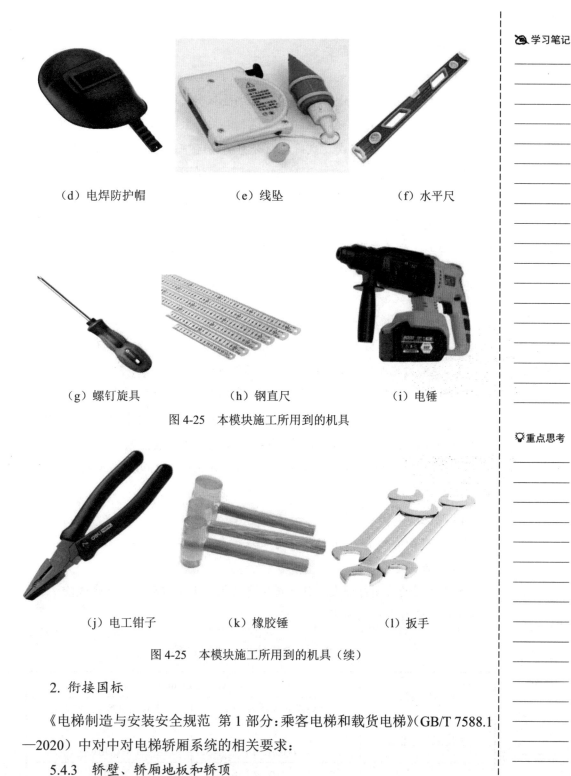

（d）电焊防护帽　　　　（e）线坠　　　　　　（f）水平尺

（g）螺钉旋具　　　　　（h）钢直尺　　　　　　（i）电锤

图 4-25　本模块施工所用到的机具

（j）电工钳子　　　　　（k）橡胶锤　　　　　　（l）扳手

图 4-25　本模块施工所用到的机具（续）

2. 衔接国标

《电梯制造与安装安全规范　第 1 部分：乘客电梯和载货电梯》（GB/T 7588.1
—2020）中对中对电梯轿厢系统的相关要求：

5.4.3　轿壁、轿厢地板和轿顶

5.4.3.1　轿厢应由轿壁、轿厢地板和轿顶完全封闭，仅允许有下列开口：

a) 使用者出入口;

b) 轿厢安全窗和轿厢安全门;

c) 通风孔。

5.4.3.2 包括轿架、导靴、轿壁、轿厢地板和轿厢吊顶与轿顶的总成应具有足够的机械强度，以承受在电梯正常运行和安全装置动作时所施加的作用力。

5.4.3.2.1 在轿厢空载或载荷均匀分布的情况下，安全装置动作后轿厢地板的倾斜度不应大于其正常位置的 5%。

5.4.3.2.2 轿壁的机械强度应符合下列要求:

a) 能承受从轿厢内向轿厢外垂直作用于轿壁的任何位置且均匀地分布在 $5cm^2$ 的圆形（或正方形）面积上的 300N 的静力，并且:

    1) 永久变形不大于 1mm;

    2) 弹性变形不大于 15mm。

b) 能承受从轿厢内向轿厢外垂直作用于轿壁的任何位置且均匀地分布在 $100cm^2$ 的圆形(或正方形)面积上的 1000N 的静力,并且永久变形不大于 1mm。

注: 这些力施加在轿壁"结构"上，不包括镜子、装饰板、轿厢操作面板等。

5.4.3.2.3 轿壁所使用的玻璃应为夹层玻璃。

当相当于跌落高度为 500mm 冲击能量的硬摆锤冲击装置（见 GB/T 7588.2—2020 的 5.14.2.1）和相当于跌落高度为 700mm 冲击能量的软摆锤冲击装置（见 GB/T 7588.2—2020 的 5.14.2.2），撞击在地板以上 1.00m 高度的玻璃轿壁宽度中心或部分玻璃轿壁的玻璃中心点时，应满足下列要求:

a) 轿壁的玻璃无裂纹;

b) 除直径不大于 2mm 的剥落外，玻璃表面无其他损坏;

c) 未失去完整性。

如果轿壁的玻璃符合表 9 且其周边有边框，则不需要进行上述试验。

上述试验应在轿厢内表面上进行。

表 9 轿壁所使用的平板玻璃

玻璃的类型	最小厚度/mm	
	内切圆直径最大1mm	内切圆直径最大2mm
夹层钢化或夹层回火	8 （4+0.76+4）	10 （5+0.76+5）
夹层	10 （5+0.76+5）	12 （6+0.76+6）

5.4.3.2.4 轿壁上的玻璃固定件，在两个方向运行时所受到的所有冲击（包括安全装置动作）期间，应保证玻璃不能脱出。

5.4.3.2.5 玻璃轿壁应具有下列信息的永久性标记：

a）供应商名称或商标；

b）玻璃的型式；

c）厚度[如(8+0.76+8)mm]。

5.4.3.2.6 轿顶应满足5.4.7的规定。

5.4.3.3 如果轿壁在距轿厢地板1.10m高度以下使用了玻璃，应在高度0.90m至1.10m之间设置扶手，该扶手的固定应与玻璃无关。

5.4.7 轿顶

5.4.7.1 除满足5.4.3的规定外，轿顶应符合下列要求：

a）轿顶应有足够的强度以支撑5.2.5.7.1所述的最多人数。

然而，轿顶应至少能承受作用于其任何位置且均匀分布在0.30m×0.30m面积上的2000N的静力，并且永久变形不大于1mm。

b）人员需要工作或在工作区域间移动的轿顶表面应是防滑的。

注：有关的指南参见GB/T 17888.2—2008的4.2.4.6。

5.4.7.2 应采取下列保护措施：

a）轿顶应具有最小高度为0.10m的踢脚板，且设置在：

　　1）轿顶的外边缘；

　　2）轿顶的外边缘与护栏之间（如果具有满足5.4.7.4要求的护栏）。

b）在水平方向上轿顶外边缘与井道壁之间的净距离大于0.30m时，轿顶应设置符合5.4.7.4规定的护栏。

净距离应测量至井道壁，井道壁上有宽度或高度小于0.30m的凹坑时，允许在凹坑处有稍大一点的距离。

模块 5　重量平衡系统

思维导图

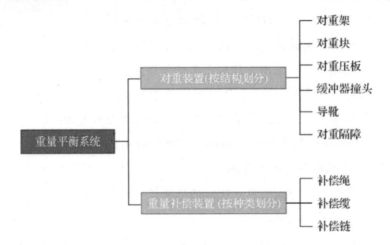

学习目标

【知识目标】

了解电梯重量平衡系统的概念、组成、作用及相关配件的报废标准。

【能力目标】

能按照本模块内容及标准规范使学生熟悉并掌握电梯对重装置和重量补偿装置的结构和类型。

【素养目标】

培养具有吃苦耐劳、不怕困难、一丝不苟、精益求精精神的技能人才。

电梯重量平衡系统的作用是使对重与空载轿厢的重量差在国家规定的范围之内（即电梯的平衡系数为 0.4～0.5，或依据制造厂家的规定重量），使运行中的电梯即使轿厢载荷重量不断变化，也能使对重与轿厢之间的重量差保持在一定范围内，解决了电梯正反转最大输出转矩接近一致的问题，利于选择最小电梯曳引电机的额定功率，最终实现电梯的正常、稳定运行。

重量平衡系统

电梯重量平衡系统一般由对重装置和重量补偿装置两部分组成，如图 5-1 所示。

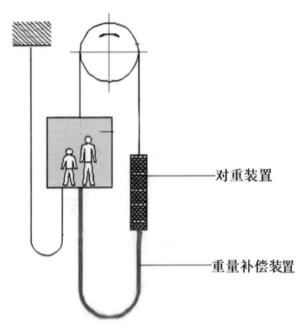

图 5-1　电梯重量平衡系统

5.1　对重装置

5.1.1　对重装置的作用

对重装置的作用如下：

1）相对平衡轿厢和部分电梯载重量，减少曳引机功率损耗，能减小曳引力，延长钢丝绳的寿命。

2）保证了曳引绳与曳引轮槽的压力，保证了曳引力的产生。

3）当轿厢或对重撞在缓冲器上时，曳引力消失，避免冲顶事故的发生。

4）电梯不会因卷筒尺寸的限制使速度不稳定，提升高度得以提高。

5.1.2 对重装置的种类及其结构

对重装置一般分为无反绳轮式（曳引比为 1∶1 的电梯）和有反绳轮式（曳引比非 1∶1 的电梯）两类，其结构组成基本相同。

对重装置一般由对重架、对重块、导靴、缓冲器撞头、对重压板等组成，如图 5-2 所示。

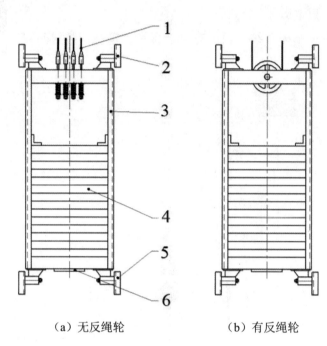

（a）无反绳轮　　　　　（b）有反绳轮

图 5-2　对重装置的组成
1—曳引绳；2、3—导靴；4—对重架；5—对重块；6—缓冲器撞头

1. 对重架

对重架如图 5-3 所示。对重架多用型钢制成，高度一般不超过轿厢，其作用是放置对重块。

2. 对重块

对重块如图 5-4 所示。对重块由铸铁制造或钢筋混凝土填充，为了使对重易于装卸，一般有 50kg、75kg、100kg 等几种。安装在对重架上时要用压板压紧，以防运行中移位和振动。其作用是调整对重重量。

图 5-3　对重架

图 5-4　对重块

3. 导靴

导靴在 3.4 节中已经介绍，这里不再赘述。

4. 对重压板

对重压板如图 5-5 所示。对重压板的作用是压紧对重块，使对重块牢牢的固定在对重架上。

5. 缓冲器撞头

缓冲器撞头如图 5-6 所示。对重架下部对应缓冲器位置上的缓冲器撞头最好做成可拆式。当新的曳引钢丝绳使用一段时间，伸长到一定程度时，即可将缓冲器撞头（碰块）取下一片。其作用是保证缓冲器的缓冲性能。

图 5-5　对重压板

图 5-6　缓冲器撞头

学习笔记

6. 对重隔障

对重隔障如图 5-7 所示。电梯的安装、维修、保养均需要电梯作业人员进行操作，为了保障电梯作业人员的安全，国家标准规定在对重的运行区域必须设有隔障防护。

图 5-7　对重隔障

5.1.3　对重的布置公式

$$W=G+KQ$$

式中，W——对重的总重量；

　　　G——轿厢自重；

　　　Q——轿厢额定载重量；

　　　K——电梯平衡系数（一般取 0.4～0.5）。

【例 5-1】台曳引式乘客电梯的额定载重量 1000kg，曳引比 1∶1，额定速度 1.75m/s，轿厢自重 800kg，其对中重量的范围是多少？

解：平衡系数为 0.4～0.5，依据对重重量平衡公式可得

$$W_{min}=800+0.4×1000=1200（kg）$$

$$W_{max}=800+0.5×1000=1300（kg）$$

知识延伸

1. 对重装置报废标准

（1）对重（平衡重）架报废标准

依据《电梯主要部件报废技术条件》（GB/T 31821—2015）对重（平衡重）架的报废规定，对重（平衡重）架出现下列情况之一时，视为达到报废

技术条件：

1）对重（平衡重）架出现严重变形，导致导靴或对重（平衡重）安全钳不能正常工作。

2）对重（平衡重）架直梁、底部横梁发生变形，不能保证对重（平衡重）块在对重（平衡重）架内的可靠固定。

3）对重（平衡重）架严重腐蚀，主要受力构件断面壁厚腐蚀达设计厚度的10%。

（2）对重（平衡重）块报废标准

依据《电梯主要部件报废技术条件》（GB/T 31821—2015）对重（平衡重）块的报废规定，对重（平衡重）块出现下列情况之一时，视为达到报废技术条件：

1）对重（平衡重）块出现开裂、严重变形或断裂。

2）对重（平衡重）块外包材料出现破损且内部材质可能向外泄露。

2．安全风险

继续使用不良的对重装置，对重块分量短缺会导致曳引力不足，造成墩底和冲顶等恶性事件发生，破损的对重块会砸坏井道内的零部件或砸伤人员。

5.2 重量补偿装置

5.2.1 重量补偿装置的作用

重量补偿装置（图 5-8）由悬挂在轿厢和对重底面的补偿链条、补偿缆、补偿绳等组成。在电梯运行时，其长度的变化正好与曳引绳长度的变化趋势相反。当轿厢位于最高层时，曳引绳大部分位于对重侧，而补偿链（绳）大部分位于轿厢侧；当轿厢位于最底层时，情况与上述正好相反，这样轿厢一侧和对重一侧就有了补偿的平衡作用。

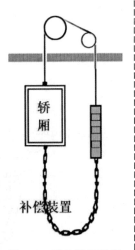

图 5-8　重量补偿装置

5.2.2 重量补偿装置的种类

1．补偿链

补偿链（图 5-9）以铁链为主体，为减少铁链链环之间的碰撞噪声，常用麻绳穿在铁链链环中。补偿链在电梯中一端悬挂在轿厢下面，另一端挂在对重装

学习笔记

置的下部。补偿链的特点是结构简单、成本低，但不适用于速度超过 1.75m/s 的电梯。

补偿链的二次保护装置的作用是防止补偿链脱落，如图 5-10 所示。

　　图 5-9　补偿链　　　　　　图 5-10　补偿链的二次保护装置

2. 补偿绳

补偿绳（图 5-11）以钢丝绳为主体，将数根钢丝绳经过钢丝绳绳夹和挂绳架，一端悬挂在轿厢底梁上，另一端悬挂在对重架上。这种补偿装置的特点是运行稳定、噪声小，常用在额定速度超过 1.75m/s 的电梯上；缺点是装置比较复杂，成本相对较高，还需张紧装置等附件。

重点思考

3. 补偿缆

补偿缆（图 5-12）是一种新型的高密度的补偿装置。补偿缆中间为低碳钢制成的链环，在链环周围装填金属颗粒及聚乙烯等高分子材料的混合物，最外侧制成圆形塑料保护链套，要求链套具有防火、防氧化、耐磨性能好的特点。补偿缆质量密度高，每米可达 6kg，最大悬挂长度可达 200m，运行噪声小，可适用各种中、高速电梯的补偿装置。

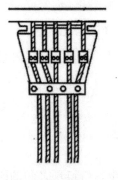 

　　图 5-11　补偿绳　　　　　　图 5-12　补偿缆

🔱 知识延伸

1. 补偿装置判废准则

依据《电梯主要部件报废技术条件》（GB/T 31821—2015）对补偿装置的报废规定，补偿装置出现下列情况之一时，应判废：

1）全包覆型补偿链（缆）表面包裹材料出现脱落、严重开裂或磨损。
2）补偿链（缆）导向装置滚轮变形、缺损、严重磨损或出现卡阻。
3）链环表面有严重的锈蚀或脱焊，存在自身破断风险。

2. 安全风险

补偿链或补偿钢丝绳断裂后会与其他部件产生严重的撞击并损坏其他部件，张紧轮机构损坏对电梯设备的运行造成风险，对电梯乘客、维护人员造成伤害。

3. 对重装置和补偿装置安全要求

对重块应固定在一个框架内，对于金属对重块，且电梯额定速度大于 1m/s 的，至少要用两根拉杆将对重块固定住，装在对重装置上的滑轮应设置防止脱绳或异物进入的防护装置；对于额定速度大于 3.5m/s 的电梯，应采用补偿绳。补偿绳是以钢丝绳为主体，同时设有补偿绳的张紧装置和防跳绳装置等附件，补偿绳使用时，应满足以下条件：

1）使用张紧轮。
2）张紧轮的节圆直径与补偿绳的公称直径之比不小于30。
3）张紧轮根据要求设置防护装置。
4）用重力保持补偿绳的张紧状态。
5）用一个符合规定的电气安全装置来检查补偿绳的最小张紧位置。

📋 思考与练习

（1）填空题
下图的电梯部件名称是（　　）。

（2）判断题

2.1 电梯重量平衡系统一般由对重装置和重量补偿装置两部分组成。
（　　）

2.2 对重装置一般分为无反绳轮式（曳引比为 1∶1 的电梯）和有反绳轮式（曳引比非 1∶1 的电梯）两类。（　　）

2.3 补偿绳的特点是结构简单，成本低。（　　）

（3）选择题

3.1 重量补偿装置的种类有（　　）。

A. 补偿链　　　B. 导靴　　　C. 补偿绳　　　D. 补偿缆

3.2 补偿绳的缺点是（　　）。

A. 成本低　　　　　　　B. 装置比较复杂

C. 成本相对较高　　　　D. 需张紧装置等附件

（4）简答题

4.1 对重装置的作用是什么？

4.2 重量补偿装置的作用是什么？

（5）思考题

请同学们思考本节课的重难点分别是什么？

参考答案

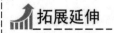 拓展延伸

1. 机具

本模块施工所用到的机具如图 5-13 所示。

（a）校导尺 （b）盒尺 （c）电焊机

（d）电焊防护帽 （e）线坠 （f）水平尺

（g）螺钉旋具 （h）钢直尺 （i）电锤

（j）电工钳子 （k）橡胶锤 （l）扳手

图 5-13　本模块施工所用到的机具

学习笔记

重点思考

2. 衔接国标

1)《电梯制造与安装安全规范 第 1 部分：乘客电梯和载货电梯》（GB/T 7588.1—2020）中对电梯对重的要求：

5.4.11　对重和平衡重

5.4.11.1　对于强制式电梯，平衡重的使用应符合 5.9.2.1.1 的规定；对于液压电梯，平衡重的使用应符合 5.9.3.1.3 的规定。

5.4.11.2　如果对重（或平衡重）由对重块组成，则应防止它们移位。为此，对重块应由框架固定并保持在框架内。应具有能快速识别对重块数量的措施（例如：标明对重块的数量或总高度等）。

5.4.11.3　设置在对重（或平衡重）上的滑轮和（或）链轮应具有 5.5.7 规定的防护。

2)《电梯制造与安装安全规范 第 1 部分：乘客电梯和载货电梯》（GB/T 7588.1—2020）中对中对补偿装置的要求：

5.5.6　补偿装置

5.5.6.1　为了保证足够的曳引力或驱动电动机功率，应按下列条件设置补偿悬挂钢丝绳质量的补偿装置：

对于额定速度不大于 3.0m/s 的电梯，可采用链条、绳或带作为补偿装置。

对于额定速度大于 3.0m/s 的电梯，应使用补偿绳。

对于额定速度大于 3.5m/s 的电梯，还应增设防跳装置。

防跳装置动作时，符合 5.11.2 规定的电气安全装置应使电梯驱动主机停止运转。

对于额定速度大于 1.75m/s 的电梯，未张紧的补偿装置应在转弯处附近进行导向。

5.5.6.2　使用补偿绳时应符合下列要求：

a）补偿绳符合 GB/T 8903 的规定；

b）使用张紧轮；

c）张紧轮的节圆直径与补偿绳的公称直径之比不小于 30；

d）张紧轮按照 5.5.7 规定设置防护装置；

e）采用重力保持补偿绳的张紧状态；

f）采用符合 5.11.2 规定的电气安全装置检查补偿绳的张紧状态。

5.5.6.3　补偿装置（如绳、链条或带及其端接装置）应能承受作用在其上的任何静力，且应具有 5 倍的安全系数。

补偿装置的最大悬挂质量应为轿厢或对重在其行程顶端时的补偿装置的质量再加上张紧轮（如果有）总成一半的质量。

模块 6　电梯电力拖动系统

↻ 思维导图

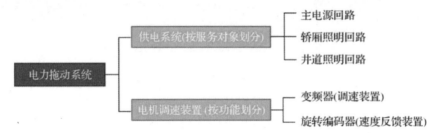

▤ 学习目标

【知识目标】

掌握电梯电力拖动系统的结构组成及所属电气配件的名称和作用。

【能力目标】

能按照本模块的内容及相关标准规范提高学生对电梯拖动方式的认知能力。

【素养目标】

培养具有勤奋好学、团结协作、精益求精的技能人才。

电梯电力拖动系统包括供电系统、电机调速装置等，如图 6-1 所示。电力拖动系统的作用是为电梯运行提供动力，并且控制电梯的启动运行、加速运行、稳速运行、制动减速运行及停车等工作程序。此外，在电梯垂直运行过程中，由于其运行距离较短，要频繁地进行启动和制动，使电梯经常处于过度运行的状态。因此，对电梯的电力拖动系统提出较高的要求，如：

电力拖动系统

1）动作灵活迅速，在紧急情况下能够迅速停车。

2）运行非常平稳，产生的噪声低于国家标准要求。

3）运行效率高，可靠性高，节省能量，使用寿命长。

4）有充足的制动力和驱动力，能够满足满载启动、满载制动和正反转运行的需要。

图 6-1 电梯电力拖动系统

6.1 供电系统

电梯供电电源主要采用三相五线制的 TN-S 系统，不但要求供电电源是独立的，而且要求电源的波动范围不超过±7%，并直接将保护接地线引入机房，如图 6-2 所示。如果采用三相四线制供电的接零保护 TN-C-S 系统，严禁电梯电气设备单独接地。供电电源进入机房后保护接地线与中性线应始终保持分开，该分离点的接地电阻值应不大于 4Ω，如图 6-3 所示。图 6-3 中 L1、L2、L3 为电源相线，N 为中性线，PEN 为保护中性线，PE 为保护接地线（中性线和接地线互相共享）。

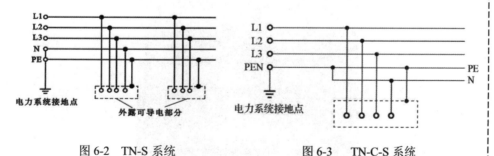

图 6-2 TN-S 系统   图 6-3 TN-C-S 系统

6.1.1 电梯供电系统的组成

电梯供电系统主要由主配电柜、电梯机房配电柜、电梯线缆、供电线槽、控制柜、电梯曳引机等组成。其中，电梯机房配电柜包括电梯的主电源回路、轿厢照明回路和井道照明回路 3 个部分。

学习笔记

1. 主配电柜

主配电柜如图 6-4 所示。它主要为电梯提供必需的供电电源，并且要求电源的波动范围不超过±7%。

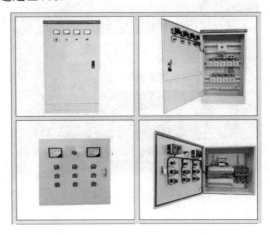

图 6-4　甲方主配电柜

2. 电梯机房配电柜

电梯机房配电柜如图 6-5 所示。其为电梯提供专供主电源，除用于电梯曳引机供电外，还负责照明、摄像头、插座电源等用电设施的电源控制。

重点思考

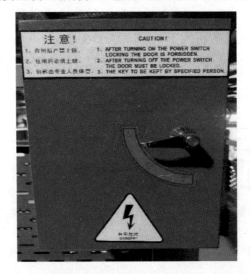

图 6-5　电梯机房配电柜

3. 电梯线缆

电梯线缆如图 6-6 所示。电梯电缆不仅为电梯的运行提供电力方面的支持，还能承担一定的电梯升降过程中所产生的冲击力。

学习笔记

（a）电梯供电电缆线　　　　　　　（b）电梯五芯电缆

图 6-6　电梯线缆

4. 供电线槽

供电线槽如图 6-7 所示。铝合金线槽具有更高的强度和耐磨性，主要用于电线和电缆的安装和保护，同时也更加美观大方。

（a）电梯机房供电线槽铺设图　　　　（b）铝合金供电线槽样品

图 6-7　供电线槽

重点思考

5. 控制柜

控制柜如图 6-8 所示。控制柜的主要功能是操作控制和驱动控制。它是电梯的"大脑"，负责控制电梯的上下行、开关门及安全保护等，直接关系到电梯的安全性、可靠性和舒适性。

图 6-8　控制柜

6. 曳引机

曳引机又称电梯主机,是电梯的动力设备,其作用是输送与传递动力使电梯运行。

(1)电梯异步曳引机

电梯异步曳引机由电动机、制动器、联轴器、减速箱、曳引轮、机架和导向轮及附属盘车手轮等组成,一般作为货梯的主机使用,如图 6-9(a)所示。

(2)电梯永磁同步曳引机

电梯永磁同步曳引机如图 6-9(b)所示。具有低速、转矩大节省能源、体积小、运行平稳、噪声低、免维护等优点。其主要由永磁同步电动机、曳引轮及制动系统组成,一般作为客梯的主机使用。

📖 学习笔记

💡 重点思考

(a)电梯异步曳引机　　　　　(b)电梯永磁同步曳引机

图 6-9　曳引机

6.1.2　电梯主电源回路

电梯主电源回路的作用是为电梯运行提供动力,使电梯能在垂直井道内正常运行。

主电源开关在电梯机房配电柜中的位置如图 6-10 所示。主电源开关(图 6-11)的功能及要求:电梯主电源开关应使用低压熔断器,是一种既有开关作用又能进行自动保护的低压电器。当电路中发生短路、过载和欠电压时(电压过低)等故障时能自动切断电路,起到相应的保护作用,并能进行远距离操作。

利用该开关可以在机房中切断该电梯的所有供电电路。另外,该开关还应具有在电梯正常运行情况下切断最大电流的能力。该开关不能切断以下相关供电电路,如轿厢照明和通风,机房和滑轮间照明,机房、滑轮间和底坑电源插座等。

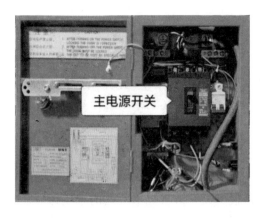

图 6-10   主电源开关在电梯机房配电柜中的位置

图 6-11   主电源开关

6.1.3   轿厢照明回路

轿厢照明回路的作用是为电梯轿厢内的照明灯、换气风扇、轿顶应急电源、电梯轿顶和电梯底坑的检修照明灯及插座提供供电电源。其中，轿顶应急电源是电梯五方对讲系统的供电来源，不仅可以为乘客提供一个安全舒适的乘梯环境，还为电梯维修人员提供了用电便利。该回路由以下部分组成。

1. 轿厢照明开关

轿厢照明回路应有一个控制电梯轿厢照明和插座电路电源的开关，称为轿厢照明开关（图 6-12 和图 6-13）。如果机房中有几台电梯驱动主机，则每台电梯轿厢都必须有一个开关。该开关应设置在相应的主开关近旁。该开关所控制的电路应具有短路保护功能。

图 6-12   电梯照明开关在配电箱中的位置

图 6-13   机房配电箱轿厢照明开关

学习笔记

重点思考

2. 电梯轿厢换气风扇

电梯轿厢换气风扇如图 6-14 所示。作用：电梯轿厢风扇主要作用是增加轿厢的空气流通率，尤其是高层电梯，否则容易让人产生眩晕感，由电动机带动风叶旋转驱动气流，使轿厢内外空气进行交换的一类空气调节电器。

3. 电梯轿厢照明灯

电梯轿厢照明灯如图 6-15 所示。作用：电梯轿厢照明是一项重要的电梯功能，可提高电梯轿厢内的能见度和氛围，为乘客提供舒适的乘坐体验。

图 6-14　电梯轿厢换气风扇　　　　　图 6-15　电梯轿厢照明灯

4. 电梯底坑检修灯及插座

电梯底坑检修灯及插座如图 6-16 所示。其为电梯维保人员在底坑作业时提供照明便利及在底坑作业时需要用电可以在该插座取电，从而提高工作效率。

5. 电梯轿顶检修灯

电梯轿顶检修灯如图 6-17 所示。其为电梯维保人员在轿顶进行施工作业时提供照明便利，提高工作效率。

图 6-16　电梯底坑检修灯及插座　　　　图 6-17　电梯轿顶检修灯

学习笔记

知识延伸

电梯五方对讲系统

电梯的安全始终是最重要的，一个完善的电梯五方对讲系统（又称电梯五方通话系统）是保障电梯安全运行的重要组成部分。当电梯发生停电或产生应急状况时，应急电源会给电梯的五方对讲装置、应急照明装置及警铃装置提供供电电源，为轿内被困乘客提供应急照明、警铃求救及通过对讲电话与外界沟通服务，以便及时解救被困乘客，提高应急救援工作的效率，更最大限度地保护电梯的财产安全和被困乘客的人身安全。

电梯五方对讲连接示意图如图6-18所示。

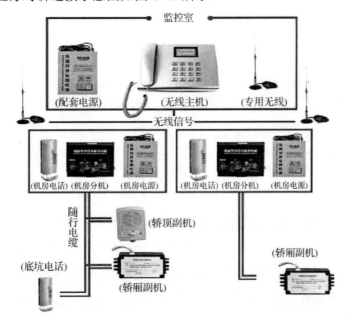

图6-18　电梯五方对讲连接示意图

重点思考

1. 电梯应急电源

电梯应急电源如图6-19所示。应急电源是电梯中必不可少的设备。电梯在正常状态时，轿厢照明回路给电梯应急电源供电；当电梯遇到停电状况时，应急电源不仅点亮轿厢中的应急灯和启动报警警笛，还给电梯五方对讲应急供电，使被困人员可以在照明的环境中通过轿厢主机上的紧急呼叫按钮向管理处和机房值班人员求救。电梯应急电源一部电梯一台。

2. 电梯物业对讲话机

电梯物业对讲话机如图 6-20 所示。作用：物业管理处使用，接受和处理轿厢、轿顶、底坑、机房等分机的呼叫通话和求救信息。电梯物业对讲话机多部电梯共用一台。

图 6-19　电梯应急电源　　　　图 6-20　电梯物业对讲话机

3. 电梯机房对讲话机

电梯机房对讲机如图 6-21 所示。利用电梯机房对讲机可以在机房联系轿顶、底坑、轿内、管理机的主要通信设备，除了在紧急情况下可以联系轿内被困乘客外，内部通信系统还可以为维保人员提供便利。电梯机房对讲机一部电梯一台。

4. 电梯轿厢对讲话机

电梯轿厢对讲话机如图 6-22 所示。按压对讲按钮，就可以在轿厢内通过此话机联系轿顶、底坑、机房、管理机等处的救援人员，除了具有乘梯人员遇到紧急情况向外边求助功能外，内部通信系统还可以给电梯维保人员带来方便。电梯轿厢对讲话机一部电梯一台。

图 6-21　电梯机房对讲机　　　　图 6-22　电梯轿厢对讲话机

5. 电梯轿顶对讲话机

电梯轿顶对讲话机如图 6-23 所示。它是维保人员在轿顶联系机房、底坑、轿内、管理机的主要通信设备,内部通信系统还可以给电梯维保人员提供便利。电梯轿顶对讲话机一部电梯一台。

6. 电梯底坑对讲话机

电梯底坑对讲话机如图 6-24 所示。它是维保人员在底坑联系机房、轿内、轿顶、管理机的主要通信设备,内部通信系统还可以给电梯维保人员提供便利。电梯底坑对讲话机一部电梯一台。

图 6-23　电梯轿顶对讲话机　　图 6-24　电梯底坑对讲话机

7. 报警蜂鸣器

报警蜂鸣器是五方通信系统的重要组成部分,如图 6-25 所示。它用于提示或报警,起到与外界联系和让外界注意到其内部有人的作用,可以让被困在电梯里的人及时得到营救。

8. 轿内报警按钮

轿内报警按钮如图 6-26 所示。其是报警蜂鸣器的触发按钮,当乘客受困于轿厢内时,按下此按钮能让外界人员及时注意到轿内有人,使被困乘客能快速得到营救。

图 6-25　报警蜂鸣器　　图 6-26　轿内报警按钮

学习笔记

9. 轿内对讲通信按钮

轿内对讲通信按钮如图 6-27 所示。当乘客受困于轿厢内时，可以通过按此按钮与值班室和机房进行通话，待对方将通话装置接通后，即可实现双方长时间通话。

图 6-27　轿内对讲通信按钮

10. 电梯轿内应急照明灯

电梯轿内应急照明灯如图 6-28 所示。电梯正常使用过程中发生停电时，轿厢内的停电应急照明灯自动点亮，给轿厢内提供应急照明。紧急照明持续时间应至少供 1W 的灯泡用电 1h，轿厢地面的照度须大于 1Lux。

重点思考

条形应急照明灯

圆形应急照明灯

方形应急照明灯

图 6-28　电梯轿内应急照明灯

6.1.4　电梯井道照明系统

电梯井道照明系统为电梯井道照明灯提供供电电源，方便电梯维保人员在井道内施工作业。其由以下部分组成。

1. 井道照明系统主开关

井道照明系统主开关在电梯配电箱内部的位置如图 6-29 所示，其外形如图 6-30 所示。它主要为电梯井道照明灯提供供电电源，并且所控制的电路应具有短路保护功能。

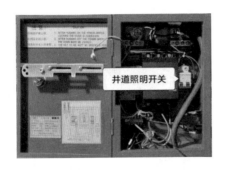

图 6-29 井道照明系统主开关在电梯配电箱内部的位置　图 6-30 电梯井道照明主开关

2. 双控开关

双控开关如图 6-31 所示。井道照明开关应在机房位置和底坑位置分别装设，以便在这两处均能控制井道照明，为维保人员在井道内进行维保作业提供便利。

（a）机房双控开关位置图　（b）双控开关示意图　（c）底坑检修盒双控开关

图 6-31 双控开关

2. 电梯井道照明灯

电梯井道照明灯如图 6-32 所示。它为电梯井道提供足够明亮的光线，便于电梯维保人员在井道内进行施工作业。需要说明的是，井道照明灯最好使用节能灯。

图 6-32 电梯井道照明灯

学习笔记

知识延伸

1. 配电箱报废标准

配电箱出现下列情况之一，视为达到报废技术条件：

1）配电柜使用年限到期，设备运行过程中无法满足正常工作及配电需求。配电柜的使用年限一般在 20～25 年，具体还要看配电柜的材质和当时产品的配置，当配电柜使用年限到期，其主导电部位易发生零件损坏无法满足配电需求，需要及时更换配电柜，防止用电安全事故的发生。

2）电容器大面积损坏，无法补偿电网电压的损耗。当不同频率的设备大批量使用时，电容器会受到电网中大量谐波电流的冲击，导致电压畸变，电容器无法投切甚至补偿电容，出现击穿及烧毁现象。因此，电容器损坏需要及时更换配电柜，以保障用电安全。

3）断路器不能合闸，主触头烧损严重。断路器主触头烧损严重，在带负荷合闸时，电动斥力增大，合闸电磁铁不能将滚轮推到合闸位置，因此不能合闸，严重影响配电柜稳定工作。

2. 电子设备报废标准

电子设备出现下列情况之一，视为达到报废技术条件：

使用时间已超过规定使用期限，主要结构陈旧、元器件老化、性能指标降低，不符合使用的基本要求：

1）损坏严重，已无法修复或修理费接近或超过新购同类电子设备价格。

2）严重污染环境危害人身安全与健康，技术改造困难或改造费用不经济。

3）技术性能落后，耗能高，效率低，维护使用不经济。

4）质量低劣，不符合技术标准，应用中不能满足最低性能指标者。

重点思考

6.2 电机调速装置

电机调速装置的作用是通过控制电梯的启动、加速、稳速运行、制动减速、停车等工作程序达到控制电梯的速度。电机调速装置和速度反馈装置是配合运行的。

电梯的电机调速装置主要指电梯控制柜中的变频器，如图 6-33 所示。

（a）默纳克电梯变频器　　（b）新时达电梯变频器　　（c）蓝光电梯变频器

（d）日立电梯变频器　　（e）通力电梯变频器　　（f）奥的斯电梯变频器

（g）富士达电梯变频器　　　　（h）西威电梯变频器

图6-33　电梯控制柜中的变频器

1）电梯变频器的作用：变频器是一种专门用于电梯控制的电气设备，它使得电梯效率提高、运行平稳、设备寿命延长。电梯变频器对电梯的控制为"S"形，即启动和停止加速度都比较缓和，而中间过程加速度比较快，主要是为了乘坐舒适。

2）电梯的速度反馈装置主要指的是电梯曳引机中的旋转编码器。它是用来测量转速并配合PWM技术可以实现快速调速的装置，可分为增量式旋转编码器、绝对值型旋转编码器及 UVW 型旋转编码器 3 种，如图 6-34 所示。

（a）绝对值型旋转编码器

（b）增量式旋转编码器　　　　　（c）UVW 型旋转编码器

图 6-34　旋转编码器

旋转编码器的作用主要是对距离、速度进行反馈，它与变频器、计算机、电动机构成一个闭环控制系统，对电梯的距离、速度进行控制。

🌱 知识延伸

1. 变频器报废标准

依据《电梯主要部件报废技术条件》（GB/T 31821—2015）对变频器的报废规定，变频器出现下列情况之一，视为达到报废技术条件：

1）外壳破损存在触电危险。

2）输入输出主回路电路板铜皮断裂。

3）直流母线电容鼓包、漏液或明显烧坏。

4）输入或输出、制动单元及制动电阻的接线端子和铜排出现严重的过热变形、拉弧氧化或腐蚀。

2. 编码器报废标准

依据《电梯主要部件报废技术条件》（GB/T 31821—2015）对编码器的报废规定，编码器信号输出异常，视为达到报废技术条件。

思考与练习

（1）填空题

下图的电梯部件名称是（　　　）。

（2）判断题

2.1 电梯的电力拖动系统其实就是电梯的供电系统。（　　　）

2.2 电梯的电机调速装置是指电梯控制柜中的变频器。（　　　）

2.3 电梯的应急电源是为井道照明电梯供电的。（　　　）

2.4 电梯的主电源开关也可以断开井道照明和轿厢照明回路。（　　　）

（3）选择题

3.1 以下选项（　　　）电子设备属于供电系统。

A. 机房主电源开关　　　　B. 井道照明开关

C. 轿厢照明开关　　　　　D. 选择编码器

3.2 电梯机房配电箱有（　　　）电源开关。

A. 主电源开关　B. 轿厢照明开关　C. 井道照明开关　D. 锁梯开关

（4）简答题

4.1 电梯的供电系统包括哪几种回路？

4.2 简述电梯接地线的安装要求。

（5）思考题

请同学们思考本模块的重难点分别是什么。

参考答案

学习笔记

拓展延伸

1. 机具

本模块施工所用到的机具如图 6-35 所示。

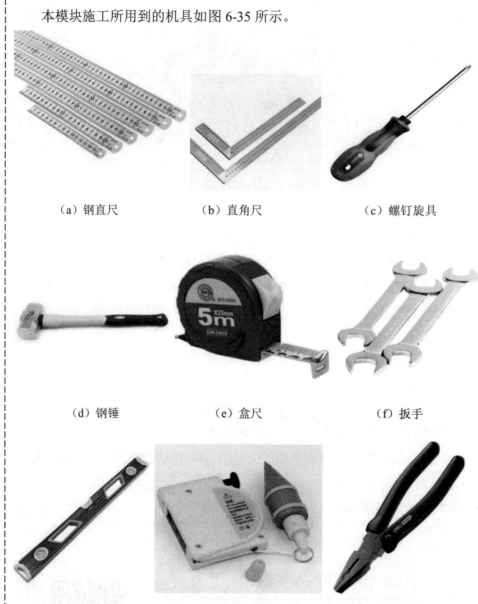

（a）钢直尺　　　　　（b）直角尺　　　　　（c）螺钉旋具

（d）钢锤　　　　　　（e）盒尺　　　　　　（f）扳手

（g）水平尺　　　　　（h）线坠　　　　　　（i）电工钳

图 6-35　本模块施工所用到的机具

重点思考

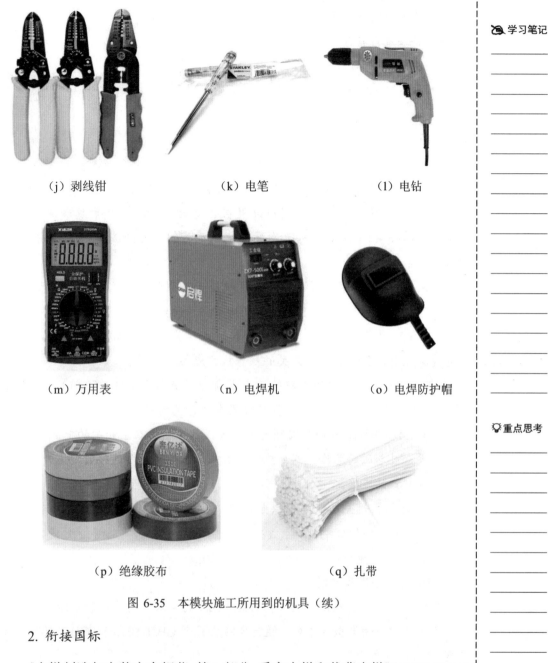

|（j）剥线钳|（k）电笔|（l）电钻|

|（m）万用表|（n）电焊机|（o）电焊防护帽|

|（p）绝缘胶布|（q）扎带|

图 6-35　本模块施工所用到的机具（续）

2. 衔接国标

《电梯制造与安装安全规范 第 1 部分：乘客电梯和载货电梯》（GB/T 7588.1 —2020）中对主开关、电源及插座的要求。

5.10.5　主开关

5.10.5.1　每部电梯都应单独设置能切断该电梯所有供电电路的主开关。该开关应符合 GB/T 5226.1—2019 中 5.3.2a）～d）、5.3.3 的要求。

5.10.5.1.1　主开关不应切断下列供电电路：

a）轿厢照明和通风；

b）轿顶电源插座；

c）机器空间和滑轮间照明；

d）机器空间、滑轮间和底坑电源插座；

e）井道照明。

5.10.5.1.2　主开关应：

a）具有机房时，设置在机房内；

b）没有机房时，如果控制柜未设置在井道内，则设置在控制柜内；

c）没有机房时，如果控制柜设置在井道内，则设置在紧急和测试操作屏上（5.2.6.6）。如果紧急操作屏和测试操作屏是分开的，则设置在紧急操作屏上。

如果从控制柜、驱动系统或驱动主机处于不易直接接近主开关，则在他们所在位置应设置符合 GB/T 5226.1—2019 中 5.5 的要求的装置。

5.10.5.2　应能从机房入口处直接接近主开关的操作机构。如果机房为多部电梯所共用，各部电梯主开关的操作机构应易于识别。

5.10.5.3　接入电梯的每路输入电源都应具有符合 GB/T 5226.1—2019 中 5.3 规定的电源切断装置，该装置应设置在主开关的附近。

5.10.5.4　任何改善功率因数的电容器，都应连接在主开关的前面。

如果有过电压的危险，例如：当电动机由很长的电缆连接时，主开关也应切断与电容器的连接。

5.10.5.5　主开关切断电梯供电期间，应防止电梯的任何自动操作的运行（例如自动的电池供电运行）。

5.10.6　电气配线

5.10.6.1　导线和电缆

应依据 GB/T 5226.1—2019 中 12.1～12.4 的要求选用导线和电缆。

除绝缘材料的类型要求外，随行电缆应符合 GB/T 5013.5、GB/T 5023.6 或 JB/T 8734.6 的要求。

5.10.6.2　导线截面积

为了保证足够的机械强度，导线截面积不应小于 GB/T 5226.1—2019 中表 5 的规定值。

5.10.7　照明与插座

5.10.7.1　轿厢、井道、机器空间、滑轮间与紧急和测试操作屏的照明电源应独立于驱动主机电源，可通过另外的电路或通过与主开关（5.10.5）供电侧的驱动主机供电电路相连，而获得照明电源。

5.10.7.2 轿顶、机器空间、滑轮间及底坑所需的插座电源，应取自 5.10.7.1 所述的电路。

这些插座是 2P+PE 型 250V，且直接供电。

上述插座的使用并不意味着其电源线应具有相应插座额定电流的截面积，只要导线有适当的过电流保护，其截面积可小一些。

5.10.8 照明和插座电源的控制

5.10.8.1 应具有控制轿厢照明和插座电路电源的开关。如果机房中有几部电梯的驱动主机，则每部电梯均应有一个开关，该开关应邻近相应的主开关。

5.10.8.2 未在井道内的机器空间，应在其入口处设置照明开关，也见 5.2.1.4.2。

井道照明开关（或等效装置）应分别设置在底坑和主开关附近，以便这两个地方均能控制井道照明。

如果轿顶上设置了附加的灯（如 5.2.1.4.1），应连接到轿厢照明电路，并通过轿顶上的开关控制。开关应在易于接近的位置，距检查或维护人员的入口处不超过 1m。

5.10.8.3 每个 5.10.8.1 和 5.10.8.2 规定的开关所控制的电路均应具有各自的过电流保护装置。

模块 7　电气控制系统

思维导图

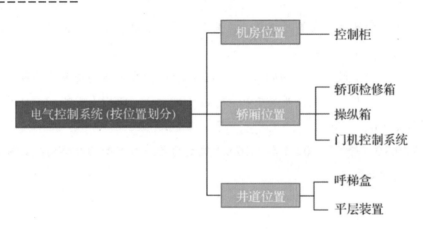

学习目标

【知识目标】

掌握电气控制系统各部分的结构组成、配件名称及相互之间的控制联系。

【能力目标】

能按照本模块的内容及相关标准提高学生对电气控制系统的理解能力。

【素养目标】

培养具有勤奋好学、团结协作、精益求精精神的技能人才。

电气控制系统的作用是对电梯的运行实行操纵和控制。电梯控制系统的具体电路是根据电梯功能多少和电梯的性能确定的。电梯控制电路不可或缺的电路主要包括主电路及其拖动控制电路、开关门电路、厅外召唤信号登记电路、定向与换速电路、轿内指令信号登记电路、检修运行电路、平层电路、照明电路等。

电梯控制系统由电梯控制柜、轿顶检修箱、操纵箱、门机控制系统、呼梯盒、平层装置等部件组成，实现了对电梯运行的控制和操纵。

学习笔记

电力控制系统

对电气控制系统的基本要求是自动化程度高、使用安全可靠、所用元器件少、线路简捷易懂、维修保养方便及使用寿命长等。其在电梯机房中的位置如图 7-1 所示。

电气控制系统

图 7-1　电气控制系统在电梯机房中的位置

7.1　电梯控制柜

电梯控制柜是由柜体和各种控制电气元件组成，主要包括电梯主板、接触器、继电器、变压器、开关电源、检修按钮及各种开关等组成，并用导线进行相互连接，从而实现控制电梯曳引机去拖动电梯轿厢和电梯对重架的启动、运行和制动停车。

1. 电梯主板

电梯主板如图 7-2 所示。主板在电梯中的作用相当于人的大脑，主要接收并处理来自电梯各系统的信号和指令，包括内外招并联通信、轿顶通信、门区信号；控制电梯的启动与停止，显示故障信息等。

重点思考

图 7-2　电梯主板

2. PG 卡

PG 卡如图 7-3 所示。PG（pulse generator，脉冲发生器）卡用于连接电机编码器，需要和编码器一起使用。

3. UCMP 电路板

UCMP（unintended car movement protection system，电梯轿厢意外移动保护系统）电路板如图 7-4 所示。在层门未被锁住且轿门未关闭的情况下，由于轿厢安全运行所依赖的驱动主机或驱动控制系统的任何单一元件失效引起轿厢离开层站的意外移动时，该装置应能检出轿厢意外移动的状态，并具有防止电梯移动或使电梯移动停止的功能。

图 7-3　PG 卡　　　　　　　　　图 7-4　UCMP 电路板

4. 旁路装置

旁路装置如图 7-5 所示。旁路装置起短接厅门或轿门的作用，可以降低维保人员短接门锁带来的安全隐患，为电梯的安全设置了一道有效屏障。

5. 电梯变压器

电梯变压器如图 7-6 所示。电梯变压器利用电磁感应原理把 380V（两相）

112

变为 110V AC、220V AC、110C DC 等，这些电压将直接（或通过整流等装置变为直流电后）供给控制回路、检修回路、安全回路、抱闸系统等。

图 7-5　旁路装置

图 7-6　电梯变压器

6. 断路器

断路器（图 7-7）是低压配电网络和电力拖动系统中非常重要的一种电气元件，它集控制和多种能够保护功能于一体，在电梯电路中主要用于完成接触和分断电路。

7. 开关电源

开关电源如图 7-8 所示。其主要起电压逆变和滤波的作用，将电梯中的 AC 220V 经过整流逆变成 DC 24V，再将整流出的直流电进行过滤，输出稳定直流电源供电梯使用。

图 7-7　断路器

图 7-8　开关电源

8. 运行接触器

运行接触器如图 7-9 所示。其是接通或切断电梯曳引机或其他负载主回路的一种控制器。

9. 抱闸接触器

抱闸接触器如图 7-10 所示。其是用来接通或切断电梯抱闸电源的一种控制器。

图 7-9　运行接触器　　　　　图 7-10　抱闸接触器

10. 封星接触器

封星接触器如图 7-11 所示。其最主要的作用是抱闸失效时或松闸救援时利用电动机发电产生阻力制动，使电梯缓慢运行减小惯性带来伤害，如剪切事故、高速冲顶或蹾底。

11. 制动电阻

制动电阻如图 7-12 所示。其作用是消耗电梯曳引机制动过程中所产生的电能。

图 7-11　封星接触器　　　　　图 7-12　制动电阻

12. 继电器

继电器如图 7-13 所示。其作用是自动调节、安全保护、转换电路等。

13. 控制柜检修开关

控制柜检修开关如图 7-14 所示。其是将电梯的正常状态和检修状态进行切换的开关，便于在机房操纵维保电梯。

图 7-13　继电器　　　　　图 7-14　控制柜检修开关

14. 控制柜检修公共按钮及检修上下行按钮

控制柜检修公共按钮及检修上下行按钮如图 7-15 所示。其主要在机房控制电梯的检修上行运行或下行运行。

（a）检修公共按钮　　　　（b）检修上下行按钮

图 7-15　控制柜检修公共按钮及检修上下行按钮

15. 相序继电器

相序继电器如图 7-16 所示。其用于检测相位的正确与否，若相位错误，相序开关就会动作，切断安全回路使电梯无法运行。

16. 控制柜急停按钮

控制柜急停按钮如图 7-17 所示。其是为防止设备正常使用过程中因为机械或电气事故发生意外情况时，需要将设备立即停止而设立的。通常，控制柜急停按钮安装在所属设备旁边，使操作人员可以第一时间接触到。在紧急情况下，操作人员立即按下急停按钮，将设备的动力电源断开，使设备失去动力停止动作。

图 7-16 相序继电器　　　　图 7-17 控制柜急停按钮

17. 控制柜线槽

控制柜线槽如图 7-18 所示。控制柜线槽一般为 PVC 线槽，一般由塑料制成，具有阻燃绝缘的特点，用来在电梯控制柜内敷设电线和通信电缆，达到美观实用的效果。

18. 接线端子排

接线端子排如图 7-19 所示。控制柜中电线与柜内设备连接时需要用端子排来过渡，这样接线美观、安全可靠的同时，又能提高电梯设备的安装效率。

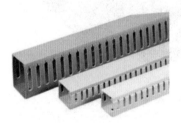 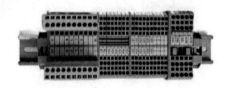

图 7-18 控制柜线槽　　　　图 7-19 接线端子排

19. 电动松闸装置

电动松闸装置如图 7-20 所示。其主要用于电梯停电人工自动松闸平层，在市电断电、门锁回来正常的情况下，启动电动松闸装置打开抱闸，依靠轿厢、对重力的不平衡力矩的作用，使电梯移动到平层。

20. 计数器

计数器如图 7-21 所示。其主要对电梯的运行次数作出累计。电梯维保人员可通过计数器上的运行次数值对电梯的使用情况有大概了解。

图 7-20　电动松闸装置　　图 7-21　计数器

21. 接地排

接地排如图 7-22 所示。接地排一般与设备外壳直接连接作为设备外壳接地保护。接地排是一种连接装置，是连接和固定一个接地线和多个接地设备的接线。

图 7-22　接地排

❉ 知识延伸

1. 接触器（继电器）报废标准

依据《电梯主要部件报废技术条件》（GB/T 31821—2015）对接触器（继电器）的报废规定，接触器（继电器）出现下列情况之一时，视为达到报废技术条件：

1）外壳破损存在触电危险，或导致其外壳防护等级不符合 GB 7588—2003 中 14.1.2.2.2 或 14.1.2.2.3 要求。

2）当切断或接通线圈电路时，接触器不能正确、可靠地断开或闭合。

学习笔记

重点思考

2. 变压器报废标准

依据《电梯主要部件报废技术条件》（GB/T 31821—2015）对变压器的报废规定，变压器绝缘电阻不符合 GB 7588—2003 中 13.1.3 的要求，视为达到报废技术条件。

13.1.3　电气安装的绝缘电阻（HD384.6.61S1）

绝缘电阻应测量每个通电导体与地之间的电阻。

绝缘电阻的最小值要按照表 6 中来取。

标称电压/V	测试电压（直流）/V	绝缘电阻/MΩ
安全电压	250	≥0.25
≤500	500	≥0.50
>500	1000	≥1.00

当电路中包含有电子装置时，测量时应将相线和零线连接起来。

3. 电路板报废标准

依据《电梯主要部件报废技术条件》（GB/T 31821—2015）对电路板的报废规定，电路板出现下列情况之一时，视为达到报废技术条件：

1）受潮进水、被酸碱等严重腐蚀、铜箔拉弧氧化、元件焊盘受损或脱落等，导致功能失效。

2）外力折裂。

3）严重烧毁碳化。

4. 控制柜报废标准

依据《电梯主要部件报废技术条件》（GB/T 31821—2015）对控制柜的报废规定，控制柜电气绝缘不符合 GB 7588—2003 中 13.1.3 要求，视为达到报废技术条件。

控制柜柜体严重锈蚀变形、损坏，导致柜内元器件无法固定和正常使用，视为达到报废技术条件。

控制柜内电气元件失效导致电梯不能运行，无法更换为同规格参数的元件，或更换替代元件后仍无法正常运行，视为达到报废技术条件。

7.2　轿顶检修箱

轿顶检修箱（图 7-23 和图 7-24）一般安装在轿厢顶部上梁靠近门的位置，

其目的主要是方便电梯维保人员能够安全、可靠地操作检修电梯。控制柜通过电梯随行电缆与轿顶检修箱进行连接，从而达到信息互通和电力输送的目的。轿顶检修箱一般采用螺钉固定的方式，固定好的检修箱面板应平整、无松动现象。电梯检修运行之前，应该首先检查轿顶。

图 7-23　轿顶检修箱三维模型

图 7-24　轿顶检修箱内景图

轿顶检修箱的主要电气元件包括轿顶控制板、电子到站钟、随行电缆、轿顶急停按钮、轿顶检修开关、轿顶检修上下行开关、轿顶检修箱插件端子排等。

1. 轿顶控制板

轿顶控制板如图 7-25 所示，是轿厢轿顶部分的控制板。其不仅能根据主板的指令来控制轿顶的各个电气设备，还能将接收的轿顶上电气设备信号反馈给电梯主板。

2. 电子到站钟

电子到站钟如图 7-26 所示。其是当电梯到达目的层站时发出声响的一种装置，提醒乘客注意上下电梯。

图 7-25　轿顶控制板

图 7-26　电梯到站钟

3. 随行电缆

随行电缆如图 7-27 所示。随行电缆安装在来回移动的电气设备上，主要用于供电、信号控制、通信、轿厢照明、通风等方面。

（a）随行电缆　　　　　　　　　　　　（b）随行电缆接头

图 7-27　随行电缆

4. 轿顶急停按钮

轿顶急停按钮如图 7-28 所示。电梯维保人员进入轿顶进行维保作业时，按下此按钮，可以断掉电梯控制回路，使电梯停止运行，有效保护维保人员的安全。

5. 轿顶检修开关

轿顶检修开关如图 7-29 所示。此开关是将电梯的正常状态和检修状态进行切换的开关，便于在轿顶操纵、维保电梯。

图 7-28　轿顶急停按钮　　　　　　图 7-29　轿顶检修开关

6. 轿顶检修上下行开关

轿顶检修上下行开关如图 7-30 所示。利用此开关，电梯维保人员可以在电梯轿顶上实现控制电梯的检修上行运行或检修下行运行。

图 7-30　轿顶检修上下行开关

7. 轿顶检修箱插件端子排

轿顶检修箱插件端子排如图 7-31 所示。轿顶检修箱中电线与箱内设备连接时需要用插件端子排来过渡，接线美观、安全可靠的同时，又能提高电梯设备的安装效率。

图 7-31　轿顶检修箱插件端子排

🌱 知识延伸

随行电缆报废标准

依据《电梯主要部件报废技术条件》（GB/T 31821—2015）对随行电缆的报废规定，随行电缆出现下列情况之一，视为达到报废技术条件：

1）护套出现开裂，导致线芯外漏。

2）绝缘材料发生破损、老化，导致线芯外漏或绝缘电阻不符合 GB 7588—2003 中 13.1.3 要求。

3）线芯发生断裂或短路，电缆的备用线无法满足需要。

4）电缆严重变形、扭曲。

学习笔记

7.3 操纵箱

操纵箱（图 7-32）是固定在指定轿厢壁板上的操纵装置，一般位于轿厢内两侧，供乘梯人员和电梯驾驶员使用。操纵箱内的电气元件与电梯的停站层数、控制方式有关。

（a）轿内操纵箱样图　　（b）残疾人操纵箱样图　　（c）轿内显示屏样图

图 7-32　操纵箱

操纵箱的主要作用是发送轿厢内的指令、控制电梯的运行。轿厢壁板和操纵箱面板结合处应保持严密，无明显间隙和垂直偏差。操纵箱上的暗盒应装设锁具，供电梯维保人员和电梯司机使用。电梯轿厢内操纵箱分为主操纵箱和残疾人操纵箱两种。

重点思考

操纵箱上装配的电气元件主要有开/关门按钮、选层按钮，暗盒内的电梯运行方式转换开关、风扇开关、照明开关等，如图 7-33 所示。

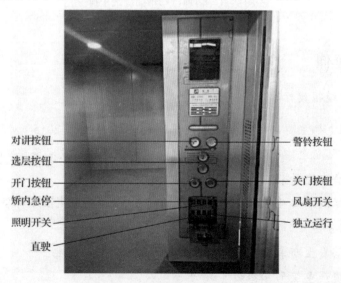

对讲按钮　　　　　　　　　　　　　　警铃按钮
选层按钮
开门按钮　　　　　　　　　　　　　　关门按钮
轿内急停　　　　　　　　　　　　　　风扇开关
照明开关　　　　　　　　　　　　　　独立运行
直驶

图 7-33　操纵箱构造示意图

1. 轿内显示板

轿内显示板如图 7-34 所示。作用：向轿内乘客显示上行、下行、所在的楼层、时间、日期、电梯名称以及电梯状态信息等。

2. 操纵箱楼层按钮

操作箱楼层按钮如图 7-35 所示。作用：用来进行目的楼层的选择。当乘客进入电梯轿厢后，应尽快按目的楼层按钮进行选层，按钮内指示灯点亮，证明该楼层已被登记，选层成功，电梯将按运行方向的顺序进行停靠。

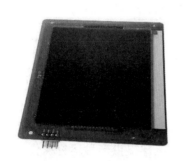

图 7-34　轿内显示板

图 7-35　操作箱楼层按钮

3. 操纵箱开关门按钮

操纵箱开关门按钮如图 7-36 所示。利用该按钮可以进行电梯自动门的开关门操作。在电梯门完全关闭、电梯还未运行时，可以按开门按钮，使电梯门重新打开；乘客也可以通过按关门按钮使电梯门提前关闭，从而提高电梯使用效率。

4. 轿内指令板

轿内指令板又称内招板，如图 7-37 所示。作用：用于按钮指令的采集和按钮指令灯的输出；通过级连方式可以实现 48 层站的使用需求。

图 7-36　操纵箱开关门按钮

图 7-37　轿内指令板

学习笔记

5. 数据连接线（轿顶控制板-轿内指令板）

数据连接线如图 7-38 所示。数据连接线是轿顶控制板和轿内指令板进行信息指令传递的桥梁。

图 7-38　数据连接线

6. 操纵箱暗盒

重点思考

操纵箱暗盒又称轿厢控制盒，如图 7-39 所示。其中有轿厢照明开关、风扇开关、司机模式开关、运行模式开关等。它为电梯提供多种运行操作。

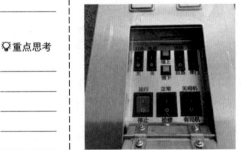  

（a）操纵箱暗盒　　　　（b）操纵箱暗盒盖板　　　（c）操纵箱暗盒盖板锁具

图 7-39　操纵箱暗盒及相关部件

7. 接线端子排

接线端子排如图 7-40 所示。作用：操纵箱中电线与操纵箱内电气设备连接时需要用接线端子排来过渡，接线美观的同时、安全可靠，又能提高电梯设备的安装效率。

8. 连接线

连接线如图 7-41 所示。作用：通过连接线将操纵箱内的各个电气设备进行连接，从而使各种电梯功能得以实现，促进电梯的正常运行。

图 7-40　接线端子排　　　　　图 7-41　连接线

9. 操纵箱暗盒开关

操纵箱暗盒开关如图 7-42 所示。通过暗盒开关的启闭可以控制轿厢照明、风扇、司机模式、独立运行模式和电梯手动控制模式的切换。

10. 电梯刷卡系统

电梯刷卡系统如图 7-43 所示。电梯刷卡系统可以极大地节省电费，减少电梯消耗、缩短维保时间，延长了电梯的使用寿命，减少了电梯维修的费用，帮助业主节省了开支，保证电梯的正常运行，方便业主们的生活。

图 7-42　操纵箱暗盒开关　　　　图 7-43　电梯刷卡系统

11. 电梯 IC 卡

电梯 IC 卡如图 7-44 所示。将相关人员的信息添加到卡内，然后在电梯中使用，能够减少无关人员进入，保护业主的人身财产安全。

图 7-44　电梯 IC 卡

学习笔记

7.4 门机控制系统

门机控制系统安装于轿厢顶上，驱动门电动机进行转动，通过传动传送带带动轿门进行启闭，同时通过轿门安装的门刀带动层门，达到与轿门同步启闭的目的。

门机控制系统是通过电力驱动带动轿门和层门开启或关闭的装置，主要包括门机变频器、门电动机、双稳态开关等。其中，门电动机又分为异步电动机和同步电动机两种。

1. 门机变频器

门机变频器如图 7-45 所示。当门机变频器接收开关门信号后，通过自身的控制系统来控制门电动机的运转速度，即控制电梯开关门的速度，从而增加开关门的舒适感。

重点思考

（a）默纳克门机变频器

（b）欧菱门机变频器

（c）申菱门机变频器

（d）松下门机变频器

图 7-45　门机变频器

2. 门电动机

电梯门电动机（图7-46）是安装在电梯门上控制电梯门开、关的传动装置。门电动机本身没有控制功能，需要借助变频器和编码器实现运转，进而实现轿门的开、关动作。

（a）欧菱异步门电动机　　　（b）申菱异步门电动机

（c）申菱同步门电动机　　　（d）欧菱同步门电动机

图7-46　门电动机

3. 双稳态开关

双稳态开关如图7-47所示。双稳态开关用在门机上，起到限位或检测门位置的作用。

（a）双稳态开关（常开式）　（b）双稳态开关（常闭式）　（c）短款双稳态开关

图7-47　双稳态开关

知识延伸

1. 电动机报废标准

依据《电梯主要部件报废技术条件》（GB/T 31821—2015）对电动机的报废规定，电动机出现下列情况之一时，视为达到报废技术条件：

1）电动机外壳或基座有影响安全的破裂。

2）电动机轴承出现破裂或影响运行的磨损。

3）电动机定子与转子发生碰擦。

4）电动机定子的温升或绝缘不符合 GB/T 24478—2009 中 4.2.1.2 的要求。

5）电动机绝缘不符合 GB 7588—2003 中 13.1.3 要求。

6）永磁同步电动机磁钢出现严重退磁，导致在 GB 7588—2003 中 14.2.5.2 要求的载重量范围内不能全行程运行。

7）永磁同步电动机磁钢脱落。

2. 门机报废标准

依据《电梯主要部件报废技术条件》（GB/T 31821—2015）对门机的报废规定，门机出现下列情况之一时，视为达到报废技术条件：

1）开启轿门的力不符合 GB 7588—2003 中 8.11.2 或 8.11.3 要求。

8.11.2　在 8.11.1 中规定轿门的开启，应至少能够在开锁区域内施行。

开门所需的力不得大于 300N。对于 11.2.1c）所述的电梯应只有轿厢位于开锁区域内时才能从轿厢内打开轿门。

8.11.3　额定速度大于 1m/s 的电梯在其运行时，开启轿门的力应大于 50N。如在开锁区内，则不受本条要求的约束。

2）动力驱动的水平滑动门阻止关门力不符合 GB 7588—2003 中 8.7.2.1.1 要求。

3）绝缘电阻不符合 GB 7588—2003 中 13.1.3 要求。

7.5　呼梯盒

呼梯盒一般设置在各个楼层电梯入口层门的一侧，在电梯最底层或最顶层。呼梯盒上仅安装一个单键开关，其余楼层一般设置上、下两个带箭头的按钮。基站层的呼梯盒一般还设有锁梯钥匙开关和消防开关。厅外呼梯盒都是通过电缆与电梯控制柜内的主板相连的。

呼梯盒的主要结构包括楼层显示屏、呼梯按键、锁梯开关、消防开关等，如图 7-48 所示。呼梯盒的作用是召唤轿厢停靠在呼梯层站。

（a）呼梯盒种类　　　　　　（b）呼梯盒内部构造

图 7-48　呼梯盒

1. 呼梯盒底板

呼梯盒底板如图 7-49 所示。作用：主要是固定呼梯盒的作用，让呼梯盒牢固地固定在呼梯盒底板上。

2. 外呼显示板

外呼显示板如图 7-50 所示。作用：电梯外呼显示板是电梯与乘客的主要交互手段。外呼显示板可以向乘客传达轿厢运行方向以及轿厢目前所在的楼层。

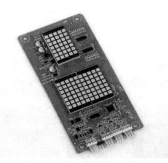

图 7-49　呼梯盒底板　　　　　图 7-50　外呼显示板

3. 呼梯按钮

呼梯按钮如图 7-51 所示。乘客通过使用呼梯按钮向电梯下达乘坐指令，上楼按上行方向按钮，下楼按下行方向按钮。

4. 消防开关

消防开关如图 7-52 所示。消防开关又称迫降按钮，按下此开关后电梯会自动返回基站层，到达基站层后电梯门只开不关，并且自动切断轿厢照明。

图 7-51　呼梯按钮　　　　　图 7-52　消防开关

5. 锁梯开关

锁梯开关如图 7-53 所示。锁梯开关可以使电梯进入锁梯模式。锁梯模式是电梯退出正常服务状态，乘客无法使用电梯的一种模式。

图 7-53　锁梯开关

7.6　平层装置

平层装置由两部分构成，一部分通常在井道导轨架上装有与电梯停站楼层对应的遮磁板，另一部分在轿顶装有若干平层感应器（平层感应器分为磁感应式和光电感应式两种，如图 7-54 所示）。此外，有些平层装置由磁条和烟杆式磁感应器组成。

（a）磁感应式平层感应器　　　　　（b）光电感应式平层感应器

图 7-54　平层感应器

平层装置的作用是保证电梯轿厢在各层停靠时能够准确平层。

1. U型光电平层装置

U型光电平层装置如图7-55所示。

2. 烟杆式平层装置

烟杆式平层装置如图7-56所示。

图 7-55　U 型光电平层装置　　　　图 7-56　烟杆式平层装置

烟杆磁感应式平层感应器如图7-57所示。其作用为判断楼层的平层位置，是电梯能够正常平层停靠的重要保障。

图 7-57　烟杆磁感应式平层感应器

遮磁板和磁条如图7-58所示。遮磁板或磁条装在井道内每个楼层楼面平层区域内，当轿厢运行到某层平面时，该遮磁板插入平层感应器内或磁条对准烟杆式平层感应器，从而发出平层信号使电梯轿厢能正确平层停车。

（a）遮磁板　　　　　　　　　　（b）磁条

图 7-58　遮磁板和磁条

📖 学习笔记

💡 重点思考

学习笔记

思考与练习

（1）填空题

下图的电梯部件名称是（　　　）。

（2）判断题

2.1　限位开关是为了防止电梯冲顶或蹾底的第一道防线。（　　　）

2.2　层站呼梯按钮及层楼指示灯出现故障不影响电梯使用。（　　　）

2.3　轿顶接线盒是连接轿厢电气设备与井道随行电缆的电气接线箱。
（　　　）

2.4　轿内操纵箱是控制电梯关门、开门、启动、急停等的控制装置。（　　　）

重点思考

（3）选择题

3.1　以下属于电梯操纵箱的装置有（　　　）。

A. 应急照明灯　　　B. 平层感应器　　　C. 轿内指令板　　　D. 隔磁板

3.2　电梯的呼梯控制单元主要包括（　　　）和（　　　）两部分。

A. 层楼显示装置　　B. 选层按钮　　　C. 呼梯盒　　　D. 开关门按钮

3.3　以下（　　　）数值符合呼梯按钮盒距地安装高度。

A. 0.8m　　　　　B. 1m　　　　　C. 1.3m　　　　　D. 1.8m

3.4　以下（　　　）是轿顶检修箱的电气元器件。

A.轿顶急停开关　　B. 轿顶检修开关　　C. 轿顶板　　　　D. 外呼显示板

（4）思考题

请同学们思考本模块的重难点分别是什么。

参考答案

拓展延伸

1. 机具

本模块施工所用到的机具如图 7-59 所示。

（a）盒尺

（b）万用表

（c）电笔

（d）剥线钳

（e）绝缘胶布

（f）电工钳

（g）螺钉旋具

（h）扳手

（i）扎带

图 7-59 本模块施工所用到的机具

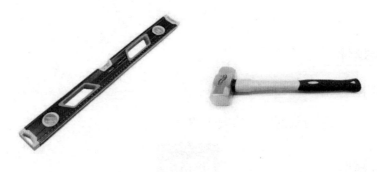

（j）水平尺　　　　　　　　　（k）钢锤

图 7-59 本模块施工所用到的机具（续）

2. 衔接国标

《电梯工程施工质量验收规范》（GB 50310—2002）的相关规定：

4.10.6　接地支线应采用黄绿相间的绝缘导线。

4.11.1　安全保护验收必须符合下列规定：

上、下极限开关必须是安全触点，在端站位置进行动作实验时必须动作正常。在轿厢或对重（如果有）接触缓冲器之前必须动作，且缓冲器完全压缩时，保持动作状态。

《电梯制造与安装安全规范 第 1 部分：乘客电梯和载货电梯》（GB/T 7588.1—2020）的相关规定：

5.12.1.8　层门和轿门旁路装置

5.12.1.8.1　为了维护层门触点、轿门触点和门锁触点，在控制屏（柜）或紧急和测试操作屏上应设置旁路装置。

5.12.1.8.2　该装置应为通过永久安装的可移动的机械装置（如盖、防护罩等）防止意外使用的开关，或者插头插座组合。上述开关和插头插座组合应满足 5.11.2 的规定。

5.12.1.8.3　在层门和轿门旁路装置上或其近旁应标明"旁路"字样。此外，被旁路的触点应根据原理图标明图形符号。

《电梯制造与安装安全规范 第 1 部分：乘客电梯和载货电梯》（GB/T 7588.1—2020）中对载荷控制的要求。

5.12.1.2　载荷控制

5.12.1.2.1　轿厢超载时，电梯上的一个装置应防止电梯正常启动及再平层。对于液压电梯，该装置不应妨碍再平层运行。

5.12.1.2.2　应最迟在载荷超过额定载重量的 110% 时检测出超载。

5.12.1.2.3   在超载情况下：

  a）轿厢内应有听觉和视觉信号通知使用者；

  b）动力驱动自动门应保持在完全开启位置；

  c）手动门应保持在未锁紧状态；

  d）5.12.1.4 所述的预备操作应取消。

模块 8　安全保护系统

思维导图

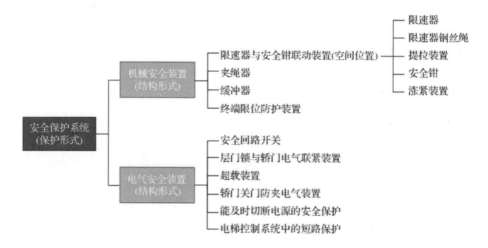

学习目标

【知识目标】

掌握安全保护系统中各保护装置的配件名称、保护原理及相关报废标准。

【能力目标】

能按照本模块的内容及相关标准提高学生对电梯安全保护的认知能力和理解能力。

【素养目标】

培养具有勤奋好学、团结协作、精益求精精神的技能人才。

电梯是一种垂直运行的交通工具，必须具备足够的安全保护措施，否则在运行过程中，一旦发生失控或超速等危险情况，将会造成非常大的经济损失和人员伤亡。因此，电梯应该严格按照《电梯制造与安装安全规范 第 1 部分：

乘客电梯和载货电梯》（GB/T 7588.1—2020）等标准设置安全有效的保护装置，而且要经常性地检验保护装置的可靠性。

安全保护系统

电梯的安全保护系统由机械安全装置和电气安全装置两大部分组成，如图 8-1 所示。

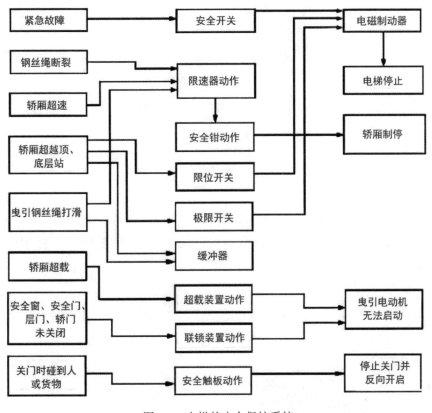

图 8-1　电梯的安全保护系统

8.1　机械安全装置

8.1.1　限速器与安全钳联动装置

限速器和安全钳（图 8-2）必须联合使用才能在电梯发生曳引绳断绳、超速等情况时起到保护作用，确保电梯设备和乘梯人员的安全。

图 8-2 限速器和安全钳构造图

1. 限速器装置

限速器装置由限速器、张紧装置、钢丝绳 3 部分组成。限速器一般安装在机房内；张紧装置位于底坑，用压导板安装在导轨上；限速器钢丝绳把限速器、张紧装置、安全钳连接起来。

（1）限速器

限速器（图 8-3）能够对重或轿厢的实际运行速度，当速度达到极限值时能发出信号并产生机械动作，切断控制电路和迫使安全钳动作。

（a）单向甩块式限速器　　　　（b）双向甩块式限速器

图 8-3 限速器

（c）双向电磁式限速器　　　　　　　（d）摆锤式限速器

图 8-3　限速器（续）

甩块式限速器拆解总图如图 8-4 所示。摆锤式限速器拆解总图如图 8-5 所示。

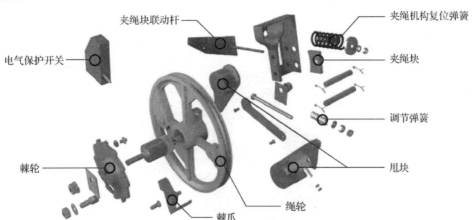

图 8-4　甩块式限速器拆解总图

图 8-5　摆锤式限速器拆解总图

知识延伸

限速器报废标准

依据《电梯主要部件报废技术条件》（GB/T 31821—2015）对限速器的报废规定，限速器出现下列情况之一，视为达到报废技术条件：

1）限速器轴承损坏导致限速器轮转动不灵活。

2）限速器动作时，限速器绳的提拉力不符合 GB 7588—2003 中 9.9.4 要求。

3）限速器电气动作速度和机械动作速度不符合 GB 7588—2003 中 9.9.1 或 9.9.3 要求。

4）限速器座变形。

（2）限速器钢丝绳

限速器钢丝绳如图 8-6 所示。限速器钢丝绳是限速器与安全钳连接的桥梁，正常情况是跟随轿厢运作，当电梯超速时，限速器动作卡死限速器钢丝绳，从而带动安全钳动作，将轿厢卡死在导轨上，保证轿厢不下坠或上抛。

图 8-6　限速器钢丝绳

知识延伸

限速器钢丝绳报废标准

依据《电梯主要部件报废技术条件》（GB/T 31821—2015）对限速器钢丝绳的报废规定，限速器钢丝绳出现下列情况之一，视为达到报废技术条件：限速器钢丝绳报废技术条件同曳引钢丝绳和液压电梯悬挂钢丝绳。

2. 张紧装置

张紧装置由张紧轮、防护罩、配重块等组成，如图 8-7 所示。其安装于电梯井道底坑，主要作用是将限速器钢丝绳张紧，保证限速器轮与钢丝绳之间有足够的摩擦力，从而准确反映轿厢的当前运行速度。张紧装置可以分为悬挂式和悬臂式两种，如图 8-8 所示。

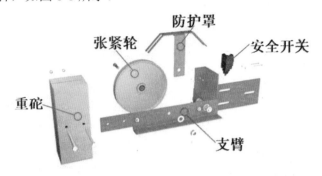

图 8-7　张紧装置拆解总图

（a）悬臂式张紧装置　　　　（b）悬挂式张紧装置

图 8-8　张紧装置

知识延伸

张紧装置报废标准

依据《电梯主要部件报废技术条件》（GB/T 31821—2015）对张紧装置的报废规定，张紧装置出现下列情况之一，视为达到报废技术条件：

a）张紧轮变形或开裂。

b）张紧轮轴承损坏。

c）张紧轮绳槽缺损或严重磨损。

d）张紧装置的机械结构严重变形。

3. 安全钳

安全钳的作用是当电梯出现失速情况时，能通过限速器的操纵，以机械动作的形式将电梯强行制停在导轨上。它的操纵机构是一组连杆系统，限速器通过连杆系统提拉安全钳，使安全钳发挥作用。安全钳一般安装在轿厢架的下梁上，位于下导靴之上；安全钳按制动时间长短可以分为渐进式安全钳（图 8-9）和瞬时式安全钳（图 8-10）两种。

（a）实物图

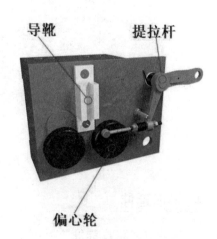
（b）内部详解图

图 8-9　渐进式安全钳

（a）实物图

（b）内部详解图

图 8-10　瞬时式安全钳

安全钳联动杆和安全钳提拉杆分别如图 8-11 和图 8-12 所示。

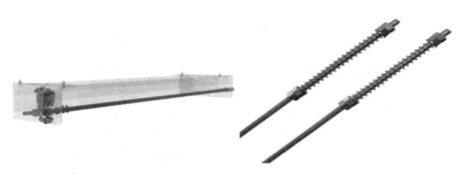

图 8-11　安全钳联动杆　　　　　图 8-12　安全钳提拉杆

知识延伸

1. 安全钳报废标准

依据《电梯主要部件报废技术条件》（GB/T 31821—2015）对安全钳的报废规定，安全钳出现下列情况之一，视为达到报废技术条件：

1）安全钳钳体、夹紧件（楔块或滚柱等）出现裂纹或严重塑性变形；

2）夹紧件出现磨损或锈蚀，无法有效制停轿厢或对重（平衡重）；

3）弹性部件出现塑性变形，无法有效制停轿厢或对重（平衡重）；

4）导向件出现变形或脱落，钳块无法正常动作、有效制停轿厢或对重（平衡重）。

2. 提拉装置报废标准

依据《电梯主要部件报废技术条件》（GB/T 31821—2015）对提拉装置的报废规定，提拉装置锈蚀、变形、开裂、卡阻或螺纹失效等，不能有效提拉安全钳或提拉装置不能复位，视为达到报废技术条件。

8.1.2　夹绳器

电梯夹绳器是电梯安全装置的重要组成部分，其主要作用是在电梯运行过程中，保障电梯的安全性和稳定性，如图 8-13 所示。电梯夹绳器通过夹紧电梯钢丝绳来防止电梯的自由下落，从而保证电梯的安全性。

学习笔记

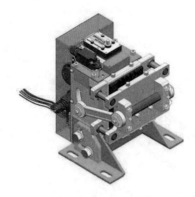

（a）三维设计图　　　　（b）实物图

图 8-13　夹绳器

夹绳器直接将制动力作用在曳引钢丝绳上。夹绳器一般安装在机房内曳引轮和导向轮之间的曳引机机架上，也有将其安装在导向轮下部，但必须保证安装牢固、可靠。夹绳器一般为限速器机械式触发即闸线拉动，限速器动作机构直接带动提拉钢丝软抽使夹绳器动作。夹绳器制动拉线如图 8-14 所示。

图 8-14　夹绳器制动拉线

重点思考

电梯夹绳器触发效果图如图 8-15 所示。

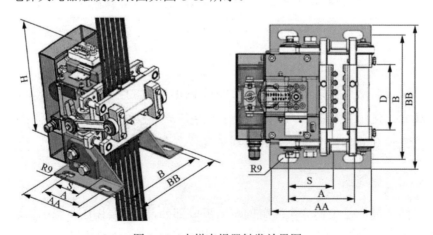

图 8-15　电梯夹绳器触发效果图

知识延伸

夹绳器报废标准

依据《电梯主要部件报废技术条件》（GB/T 31821—2015）对夹绳器的报废规定，夹绳器出现下列情况之一，视为达到报废技术条件：

1）触发联动机构损坏。

2）钳体或制动弹簧出现塑性变形、裂纹或断裂。

3）夹紧件出现严重磨损或锈蚀，导致不符合 GB 7588—2003 中 9.10.1 要求。

4）复位装置损坏。

8.1.3　缓冲器

缓冲器是电梯的最后一道安全装置，它安装在电梯井道底坑的地面上，用膨胀螺栓固定。在对重和轿厢装置下方的底坑位置均设有缓冲器。同一台电梯的轿厢缓冲器和对重缓冲器的结构规格是相同的。

缓冲器主要有蓄能型缓冲器和耗能型缓冲器两种主要形式。蓄能型缓冲器主要用于额定速度小于或等于 1m/s 的电梯；耗能型缓冲器主要用于 1m/s 以上的电梯。耗能型缓冲器主要是液压型缓冲器；蓄能型缓冲器主要是弹簧型缓冲器和聚氨酯型缓冲器两种。不同类型的缓冲器如图 8-16 所示。耗能型缓冲器结构如图 8-17 所示。

重点思考

（a）液压型缓冲器

（b）聚氨酯型缓冲器

（c）弹簧型缓冲器

图 8-16　不同类型的缓冲器

缓冲垫

柱塞

复位弹簧

缸体

注油孔

缓冲器开关

图 8-17　耗能型缓冲器结构

学习笔记

知识延伸

缓冲器报废标准

依据《电梯主要部件报废技术条件》（GB/T 31821—2015）对缓冲器的报废规定，缓冲器出现下列情况之一，视为达到报废技术条件：

4.11.8.1　蓄能型缓冲器

4.11.8.1.1　线性缓冲器

线性缓冲器（弹簧缓冲器）出现下列情况之一，视为达到报废技术条件：

a）弹簧严重锈蚀或出现裂纹；

b）缓冲器动作后，有影响正常工作的永久变形或损坏。

4.11.8.1.2　非线性缓冲器

非线性缓冲器出现下列情况之一，视为达到报废技术条件：

a）非金属材料出现开裂、剥落等老化现象。

b）缓冲器动作后，有影响正常工作的永久变形或损坏。

4.11.8.2　耗能型缓冲器

耗能型缓冲器（液压缓冲器）出现下列情况之一，视为达到报废技术条件：

a）缸体有裂纹；

b）漏油，不能保证正常的工作液面高度；

c）柱塞锈蚀，影响正常工作；

d）复位弹簧失效，缓冲器复位不符合 GB 7588—2003 中 F5.3.2.6.2 要求；

e）缓冲器动作后，有影响正常工作的永久变形或损坏。

重点思考

8.1.4　终端限位防护装置

在井道上端站和下端站附近各安装一套终端限位防护装置。终端限位防护装置主要包括强迫减速开关、限位开关、极限开关及相应的触发撞弓（图 8-18）。上端站保护开关从上至下的排列顺序依次是上极限开关、上限位开关和上强迫减速开关。下端站保护开关从上至下的排列顺序依次是下强迫减速开关、下限位开关和下极限开关，如图 8-19 所示。

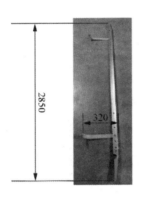

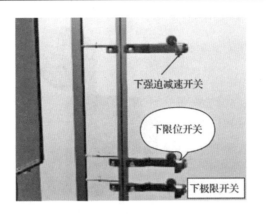

图 8-18　轿厢撞弓　　　图 8-19　下端站保护开关组合安装图

终端限位防护装置的作用是防止电梯电气系统失灵时，轿厢到达顶层或底层仍继续行驶，造成冲顶或蹾底的运行事故。端站保护开关触发示意图如图8-20所示。

图 8-20　端站保护开关触发示意图

端站保护开关一般由滚轮（图 8-21）、接线端子（图 8-22）、触点机构（图8-23）、复位弹簧（图 8-24）组成，如图 8-25 所示。

图 8-21　滚轮　　　图 8-22　接线端子　　　图 8-23　触点机构　　　图 8-24　复位弹簧

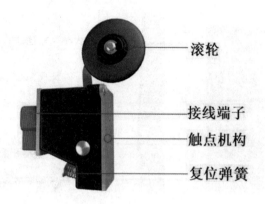

图 8-25 端站保护开关详解图

知识延伸

安全开关报废标准

依据《电梯主要部件报废技术条件标》（GB/T 31821—2015）对安全开关的报废规定，安全开关出现下列情况之一时，视为达到报废技术条件：

1）驱动安全触点的结构失效；

2）安全触点复位失效；

3）触点烧灼或接触不良；

4）出现严重锈蚀。

触发安全开关的机械装置失效，该装置视为达到报废技术条件。

8.2 电气安全装置

8.2.1 安全回路开关

所谓安全回路，就是在电梯各安全部件都装有一个安全开关，将所有安全开关进行串联，控制一只安全继电器。只有所有安全开关都接通的情况下，安全继电器吸合，电梯才能得电运行。

安全回路的作用是保证电梯安全运行。电梯上装有许多安全部件，只有每个安全部件都正常的情况下，电梯才能运行，否则电梯立即停止运行。保证电梯安全运行的同时，安全开关也为电梯维保人员维修作业提供安全保证。

以下 4 种急停开关都是采用安全开关。它们的共同作用是电梯维保人员在机房、轿顶及进入底坑进行维保作业时，按下此开关，从而防止电梯运行，保护了维保人员的生命安全，如图 8-26 所示。

图 8-26 电梯安全开关样式

1）控制柜急停开关：此开关安装在电梯控制柜的最上方，防止在机房维修过程中或设备正常使用过程中因为机械或电气事故发生意外情况时，按下此开关可以将设备立即停止工作，如图 8-27 所示。

图 8-27 控制柜急停开关

2）轿顶急停开关：此开关安装在轿顶检修箱上的最上方，急停开关应面向轿门，离轿门距离不大于 1m，当电梯维保人员进入轿顶进行维保作业时，按下此开关断开主电源回路从而制停电梯，防止电梯因意外移动而造成意外事故，如图 8-28 所示。

3）底坑急停开关：底坑急停开关应安装在进入底坑即可触及的地方。当底坑较深时，可以在下底坑的梯子旁和底坑下部各设一个串联的停止开关，最好是能联动操作的开关。在开始下底坑时即可将上位急停开关打在停止的位置。当电梯维保人员进入底坑进行维保作业时，按下此开关，断开主电源回路制停电梯，可以有效保护维保人员的人身安全，如图 8-29 所示。

图 8-28 轿顶急停开关　　　图 8-29 底坑的两种类型急停开关

2. 限速器电气安全开关

限速器电气安全开关如图 8-30 所示。当电梯失控或超速时，限速器电气安全开关发出电气信号，切断控制回路，使电梯曳引机失电且制动器制动，当速度仍然上升时，限速器以机械方式操纵安全钳动作，将轿厢卡在导轨上。

3. 相序继电器安全开关

相序继电器安全开关如图 8-31 所示。此安全开关用于检测相位是否正确，若相位错误，相序开关就会动作，切断安全回路使电梯无法运行。若此开关被短接，可能会出现溜车、电梯反向运行的故障。

图 8-30 限速器电气安全开关　　　图 8-31 相序继电器安全开关

4. 盘车电气安全开关

盘车电气安全开关及其安装形式如图 8-32 和图 8-33 所示。盘车电气安全开关装在曳引机轴头盘车的位置，当盘车轮进入轴头时，自动或手动将此开关动作。此开关动作后将切断安全回路，电梯将不能自动启动，从而保护了维保人员盘车作业时的安全。

图 8-32　盘车电气安全开关

图 8-33　盘车电气安全开关的两种安装形式

5. 电气开关

　　轿厢液压缓冲器电气开关、对重液压缓冲器电气开关、张紧轮电气开关都是采用此类型开关。在电梯失速状态下发生冲顶或墩底的意外事故时，通过触发此安全开关可以切断电梯控制回路，使电梯主电源回路失电从而制停电梯，如图 8-34 所示。

图 8-34　电气开关

　　1）轿厢液压缓冲器电气开关、对重液压缓冲器电气开关：安装在底坑液压型轿厢缓冲器和对重缓冲器上，它们的作用是当电梯轿厢或对重下坠冲击缓冲器时，切断电梯安全回路，断开电梯的电气控制回路，使电梯失电，制停电梯，如图 8-35 所示。

　　2）张紧轮电气开关：此开关安装在底坑张紧轮装置上。在限速器钢丝绳延长或不能保证张力（限速器绳断掉）的情况下，重块就会下沉，到一定程度就会使张紧轮开关动作从而切断安全回路使电梯制停，如图 8-36 所示。

图 8-35　液压缓冲器电气开关安装位置　　　　图 8-36　张紧轮电气开关

6. 限位开关

以下三种急停开关都是采用此类型开关。为了防止电梯由于电气系统故障轿厢超越上下端站继续运行，继而发生蹾底或冲顶事故，特在端站位置设置此开关，触发后切断电气安全回路，使曳引机失电而制停电梯，如图 8-37 所示。

图 8-37　限位开关

1）上极限开关：此开关安装在上端站保护开关支架的最上方；在电梯冲顶的情况下，上极限开关动作，切断电气安全控制回路，使电梯曳引机失电从而制停电梯，如图 8-38 所示。

2）下极限开关：此开关安装在下端站保护开关支架的最下方；在电梯蹾底的情况下，下极限开关动作，切断电气安全控制回路，使电梯曳引机失电从而制停电梯，如图 8-39 所示。

图 8-38　上极限开关

图 8-39　下极限开关

3）安全钳电气开关：此开关安装在轿厢底，当电梯失速时，触发限速器，同时联动触发安全钳，安全钳连杆转动时触发安全钳电气开关，切断电气安全回路，使电梯曳引机失电从而制停电梯，如图 8-40 所示。

7. 轿内电气安全开关

轿内电气安全开关如图 8-41 所示。电梯维保人员在轿厢内进行维保作业或进行维修操纵盘作业时，按下轿内电气安全开关从而切断电梯的安全回路，使电梯曳引机失电而停止运转，保护维保人员的生命安全。

图 8-40　安全钳电气开关

图 8-41　轿内电气安全开关

8.2.2　层门锁与轿门电气联锁装置

当电梯的厅门和轿门没有关闭时电梯的电气控制部分不应接通，电梯的曳引机不能运转，实现此功能的称层门锁与轿门电气联锁装置。联锁装置是由机械和电气安全装置相互配合构成的。

学习笔记

重点思考

1. 层门锁电气联锁装置

层门锁电气联锁装置如图 8-42 所示。

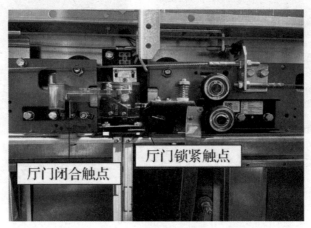

（a）安装示意图

（b）组合示意图

（c）层门锁紧电气触点

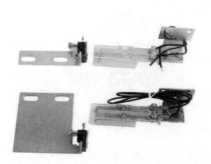

（d）层门闭合电气触点

图 8-42　层门锁电气联锁装置（续）

2. 轿门锁电气联锁装置

轿门锁电气联锁装置如图 8-43 所示。

（a）安装示意图

（b）轿门锁紧电气触点

（c）轿门闭合电气触点

图 8-43　轿门锁电气联锁装置

🌱 知识延伸

门锁装置报废标准

依据《电梯主要部件报废技术条件》（GB/T 31821—2015）对门锁装置的报废规定，门锁装置出现下列情况之一时，视为达到报废技术条件：

a）门锁机械结构变形，导致不能保证 7mm 的最小啮合深度；

b）出现裂纹、锈蚀或旋转部件不灵活；

c）门锁触点严重锈蚀造成接触不良，影响电梯正常开、关门。

8.2.3　超载装置

轿厢超载装置的主要作用是当轿厢载重超过额定载重量 10%时，轿厢内的操纵箱和外呼盒上会发出字幕、声、光等警告信号，不关门，提醒乘梯人员或电梯司机注意，如图 8-44 所示。

（a）轿底光电式超载开关　　（b）轿底压力传感器式　　（c）机房绳头处超载装置

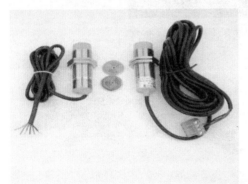 

（d）超载装置实物图

图 8-44　超载装置

🌿 知识延伸

超载装置报废标准

依据《电梯主要部件报废技术条件》（GB/T 31821—2015）对超载装置的报废规定：

电梯轿厢出现 GB 7588—2020 中 14.2.5.2 所述超载时，超载装置不能发出正确信号，导致不能防止电梯正常启动或再平层，视为达到报废技术条件。

14.2.5.2　所谓超载是指超过额定载荷的 10%，并至少为 75kg。

8.2.4　轿门关门防夹电气装置

轿门关门防夹电气装置是指在关门过程中，通过在轿厢门口安装的机械保护装置或光信号，当感应到有物体或有人在此区域时，立即停止关门并重新开门的装置。常见的轿门关门防夹电气装置包括安全触板、光幕等。

1. 安全触板

安全触板（图 8-45）是指在轿门关闭过程中，当有物体或乘客接触到触板时，使轿门停止关门并重新开门的机械式轿门保护装置。安全触板由触板（图 8-46）、控制杆及附件（图 8-47）和微动开关（图 8-48）等组成。

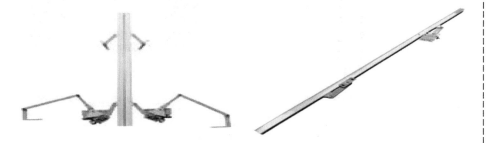

图 8-45　安全触板安装示意图　　　　图 8-46　触板

图 8-47　控制杆及附件　　　　图 8-48　微动开关

2. 光幕

光幕（图 8-49 和图 8-50）是一种光电安全保护装置，由安装在电梯轿门两侧的红外发射器和接收器（图 8-51）、安装在轿顶的电源盒（图 8-52）及专业柔性电缆（图 8-53）4 部分组成。发射器内有若干红外发射管，在 MCU 的控制下，发射接收管依次打开，自上而下连续扫描轿门区域，形成一个密集的红外线保护光幕。当其中任何一束光线被阻挡时，控制系统立即输出开门信号，轿门立即停止关闭并反转开启，直至乘客或物体离开警戒区域后电梯门方可正常关闭，从而达到安全保护的目的，避免电梯夹人事故的发生。

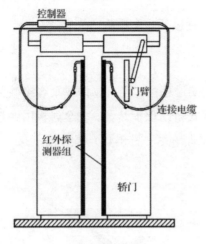

图 8-49 光幕安装示意图

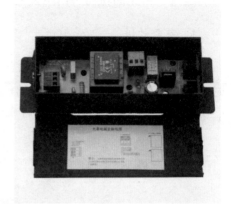

图 8-50 光幕电源盒内景图

图 8-51 光幕条（发射器+接收器）

图 8-52 光幕电源盒

图 8-53 柔性电缆线

🌱 知识延伸

门入口保护装置报废标准

依据《电梯主要部件报废技术条件》（GB/T 31821—2015）对门入口保

护装置的报废规定，门入口保护装置出现下列情况之一时，视为达到报废技术条件：

　　a）保护功能失效；

　　b）保护装置出现破损或严重变形。

8.2.5　及时切断电源的安全保护

　　及时切断电源的安全保护是指在机房中，对应每台电梯都应该安装一只能切断该电梯除其他必要供电电路之外的供电主开关，还应具备切断电梯正常使用情况下最大电流的能力。电梯配电箱内部安装示意图及主电源开关示意图分别如图 8-54 和图 8-55 所示。

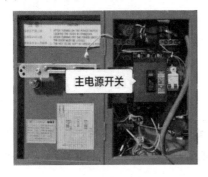

图 8-54　电梯配电箱内部安装示意图　　　图 8-55　主电源开关示意图

8.2.6　电梯控制系统中的短路保护

　　短路保护（图 8-56）主要指的是在工作电路中，出现短路等异常情况时，能够及时切断电路，并进行报警，从而避免危害进一步扩大。而电梯控制系统中的短路保护是由不同容量的熔断器等电梯配件提供的。其工作原理是利用低熔点、高电阻金属不能承受过大电流的特点，使熔断器芯子熔断，切断电源，对电气设备起到保护作用。

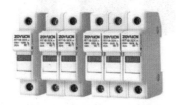

（a）熔断器　　　　　　　　　　（b）熔断器芯子

图 8-56　短路保护

（c）电梯变压器中的熔断器　　　　　　（d）变压器中熔断器的保险管

图 8-56　短路保护（续）

✤ 知识延伸

熔断器报废标准

依据《电梯主要部件报废技术条件》（GB/T 31821—2015）对熔断器的报废规定：

4.12.1.7　控制柜内电气元件失效导致电梯不能运行，无法更换为同规格参数的元件，或更换替代元件后仍无法正常运行，视为达到报废技术条件。

思考与练习

（1）填空题

下图的电梯部件名称是（　　　）。

（2）判断题

2.1 安全钳按动作过程不同可分为瞬时式安全钳和渐进式安全钳两种。（　　）

2.2 缓冲器的行程应不小于 420mm。（　　）

2.3 蓄能型缓冲器达到的总行程应至少等于 115% 额定速度的重力制停距

离的 2 倍。（　　　）

2.4 限速器钢丝绳应易于从安全钳上取下。（　　　）

（3）选择题

3.1 以下（　　　）装置属于电梯机械安全装置。

A. 限速器　　　　B. 安全开关　　　　C. 超载装置　　　　D. 安全钳

3.2 限速器钢丝绳的公称直径应不小于（　　　）mm。

A. 5　　　　　　　B. 7　　　　　　　C. 8　　　　　　　D. 6

3.3 作用于轿厢（或对重）的缓冲器由两个组成一套时，两个缓冲器顶面应在一个水平面上，相差应不大于（　　　）mm。

A. 1　　　　　　　B. 2　　　　　　　C. 3　　　　　　　D. 4

3.4 当轿厢地坎超越上下端站地坎（　　　）mm，而强迫换速开关又未能使电梯减速停车时，限位开关动作，

A. 50～100　　　B. 50～110　　　C. 50～120　　　D.50～130

（4）思考题

请同学们思考本模块的重难点分别是什么。

参考答案

📊 拓展延伸

1. 机具

本模块施工所用到的机具如图 8-57 所示。

（a）螺钉旋具　　　　　（b）直角尺　　　　　（c）钢直尺

图 8-57　本模块施工所用到的机具

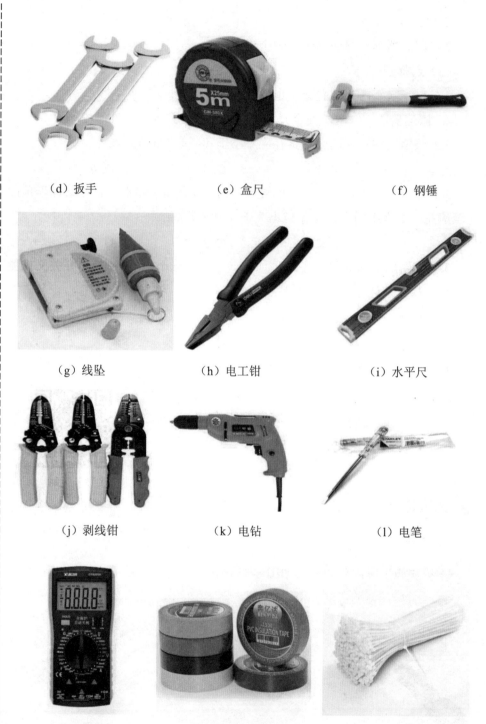

（d）扳手　　　　　　　（e）盒尺　　　　　　　（f）钢锤

（g）线坠　　　　　　　（h）电工钳　　　　　　（i）水平尺

（j）剥线钳　　　　　　（k）电钻　　　　　　　（l）电笔

（m）万用表　　　　　（n）绝缘胶布　　　　　（o）扎带

图 8-57　本模块施工所用到的机具（续）

2. 衔接国标

《电梯制造与安装安全规范 第 1 部分：乘客电梯和载货电梯》（GB/T 7588.1—2020）中对限速器、安全钳的要求。

5.6.2 安全钳及其触发装置

5.6.2.1 安全钳

5.6.2.1.1 总则

5.6.2.1.1.1 安全钳应能在下行方向动作，并且能使额定载重量的轿厢或对重（或平衡重）达到限速器动作速度时制停，或者在悬挂装置断裂的情况下，能夹紧导轨使轿厢、对重（或平衡重）保持停止。

根据 5.6.6 的规定，可使用具有上行动作附加功能的安全钳。

5.6.2.1.1.2 安全钳是安全部件，应根据 GB/T 7588.2—2020 中 5.3 的要求进行验证。

5.6.2.1.1.3 安全钳上应设置铭牌，并标明：

a）安全钳制造单位名称。

b）型式试验证书编号。

c）安全钳的型号。

d）如果是可调节的，则：

1）标出允许质量范围；或

2）在使用维护说明书中给出调整参数与质量范围关系的情况下，标出调整的参数值。

5.6.2.2.1.4 可接近性

限速器应满足下列条件：

a）限速器应是可接近的，以便于检查和维护。

b）如果限速器设置在井道内，则应能从井道外面接近。

c）当下列三个条件均满足时，上述 b）不再使用：

1）能够从井道外使用远程控制（除无线方式外）的方式来实现 5.6.2.2.1.5 所述的限速器动作，这种方式应不会造成限速器的意外动作，且仅被授权人员能接近远程控制的操纵装置；

2）能够从轿顶或从底坑接近限速器进行检查和维护；和

3）限速器动作后，提升轿厢、对重（或平衡重）能使限速器自动复位。

如果从井道外采用远程控制的方式使限速器的电气部分复位，则不应影响限速器的正常功能。

学习笔记

5.6.2.2.1.5　限速器动作的可能性

在检查或测试期间，应有可能在低应于 5.6.2.2.1.1a）规定的速度下通过某种安全的方式使限速器动作来触发安全钳动作。

如果限速器是可调节的，最终调整后应加封记，以防在未破坏封记的情况下重新调整。

《电梯制造与安装安全规范　第 1 部分：乘客电梯和载货电梯》（GB/T 7588.1—2020）中对限速器绳的要求。

5.6.2.2.1.3　限速器绳

限速器绳应满足下列条件：

a）限速器应由符合 GB/T 8903 规定的限速器钢丝绳驱动。

b）限速器绳的最小破断拉力相对于限速器动作时产生的限速器绳提拉力的安全系数不应小于 8。对于曳引型限速器，考虑摩擦系数=0.2 时的情况。

c）限速器绳的公称直径不应小于 6mm，限速器绳轮的节圆直径与绳的公称直径之比不应小于 30。

d）限速器绳应采用具有配重的张紧轮张紧，张紧轮或其配重应具有导向装置。

限速器可以作为张紧装置的一部分，但其动作速度不能因张紧装置的移动而改变。

e）在安全钳作用期间，即使制动距离大于正常值，也应保持限速器绳及其端接装置完好无损。

f）限速器绳应易于从安全钳上取下。

《电梯制造与安装安全规范　第 1 部分：乘客电梯和载货电梯》（GB/T 7588.1—2020）中对缓冲器的要求。

5.8　缓冲器

5.8.1　轿厢和对重缓冲器

5.8.1.1　缓冲器应设置在轿厢和对重的行程底部极限位置。

缓冲器固定在轿厢上或对重上时，在底坑地面上的缓冲器撞击区域应设置高度不小于 300mm 的障碍物（缓冲器支座）。

如果符合 5.2.5.5.1 规定的隔障延伸至距底坑地面 50mm 以内，则对于固定在对重下部的缓冲器不必在底坑地面上设置障碍物。

5.8.1.2　对于强制式电梯，除满足 5.8.1.1 的要求外，还应在轿顶上设置能在行程顶部极限位置起作用的缓冲器。

5.8.1.3　对于液压电梯，除满足 5.8.1.1 的要求外，还应在轿顶上设置能在行程顶部极限位置起作用的缓冲器。

5.8.1.4 对于液压电梯，当缓冲器完全压缩时，柱塞不应触及缸筒的底座。

对于保证多级液压缸同步的装置，如果至少一级液压缸不能撞击其下行程的机械限位装置，则该要求不适用。

5.8.1.5 蓄能型缓冲器（包括线性和非线性）只能用于额定速度小于或等于 1.0m/s 的电梯。

5.8.1.6 耗能型缓冲器可用于任何额定速度的电梯。

5.8.1.7 非线性蓄能型缓冲器和耗能型缓冲器是安全部件，应根据 GB/T 7588.2—2020 中 5.5 的规定进行验证。

5.8.1.8 除线性缓冲器（见 5.8.2.1.1）外，在缓冲器上应设置铭牌，并标明：

a）缓冲器制造单位名称；

b）型式试验证书编号；

c）缓冲器型号；

d）液压缓冲器的液压油规格和类型。

参 考 文 献

[1] 李少纲. 电梯控制技术[M]. 北京：机械工业出版社，2022.

[2] 石春峰. 电梯安装与调试[M]. 北京：机械工业出版社，2016.

[3] 全国电梯标准化技术委员会. 电梯制造与安装安全规范 第1部分：乘客电梯和载货电梯：GB 7588.1—2020[S]. 北京：中国标准出版社，2020.

[4] 全国电梯标准化技术委员会.电梯制造与安装安全规范 第2部分：电梯部件的设计原则、计算和检验：GB/T 7588.1—2020[S]. 北京：中国标准出版社，2020.

[5] 全电梯标准化技术委员会. 电梯、自动扶梯、自动人行道术语：GB/T 7024—2008[S]. 北京：中国标准出版社，2009.

[6] 全国电梯标准化技术委员会. 电梯主要部件报废技术条件：GB/T 31821—2015[S]. 北京：中国标准出版社，2016.